EDITION FREIZEIT UND WISSEN
UNTERWASSERFÜHRER BAND 7
Herausgeber: Dr. Friedrich Naglschmid

Unterwasserführer EUROPÄISCHE BINNENGEWÄSSER

Bernd Humberg

VERLAG SN

VERLAG STEPHANIE NAGLSCHMID
STUTTGART

Die Deutsche Bibliothek - CIP-Einheitsaufnahme

Unterwasserführer europäische Binnengewässer / Bernd Humberg. -
Stuttgart : Naglschmid, 1994
(Edition Freizeit und Wissen : Unterwasserführer ; Bd. 7)
ISBN 3-927913-44-8
NE: Humberg, Bernd; Edition Freizeit und Wissen / Unterwasserführer

Bildnachweis: MTi-Press. Einzelnachweise S. 198
Titelfotos: Bernd Humberg/MTi-Press
Zeichnungen: Bernd Humberg/MTi-Press

Rotebühlstr. 87 A - 70178 Stuttgart
Tel. 0711/626878; Fax 0711/612323

Unsere Bücher werden auf chlorfrei gebleichtem Papier gedruckt.

Herstellung: Druckerei Schreck GmbH u. Co. KG, 67487 Maikammer/Pfalz

VORWORT

Zwei Drittel unserer Erde sind mit Wasser bedeckt, doch ist der größte Anteil davon als Salzwasser dem Menschen und allen anderen nichtmarinen Lebensformen als Lebensgrundlage unzugängig. Weniger als ein Prozent des irdischen Wassers ist für uns direkt nutzbar. Dennoch wurden viele Binnengewässer in der Vergangenheit so stark belastet, daß in den letzten 50 Jahren 30 bis 50 Prozent aller einheimischen Wassertier- und Wasserpflanzenarten ausgestorben oder in stärkste Bestandsbedrohung geraten sind.
Mit diesem Unterwasserführer europäische Binnengewässer liegt ein Bestimmungsbuch vor, das die modernsten Möglichkeiten der Gewässergütebestimmung ebenso enthält, wie die wichtigsten ökologischen und artspezifischen Hinweise zu den vorgestellten Wassertieren und -pflanzen Europas. Es soll allen Naturfreunden und Wassersport-begeisterten mit großartigen Orginalaufnahmen aus dem Freiland helfen, Arten zu erkennen, ihre Besonderheiten zu erfassen und die Großartigkeit dieser einmaligen Unterwasserwelt zu erhalten.

Stuttgart, Herbst 1993

Dr.Friedrich Naglschmid
Präsident Förderkreis Sporttauchen e.V.
Vizepräsident Verband Deutscher Sporttaucher

DANKSAGUNG

Herrn Prof. Dr. Dr. Hajo Schmidt (Universität Heidelberg) danke ich für zahlreiche fachkundige Ratschläge und für die Durchsicht des Manuskriptes.
Für wertvolle Anregungen gebührt Herrn Prof. Dr. Dr. Arnulf Melzer (Limnologische Station der Technischen Universität München) mein besonderer Dank.
Nicht unerwähnt lassen möchte ich Herrn Henning Schröder (St. Leon), der mir geduldig bei vielen Tauchgängen zur Seite stand.
Schließlich gilt mein besonderer Dank Frau Sigrid-Patricia Röhr (Dossenheim) für ihr unermüdliches Engagement, welches wesentlich zum Gelingen des Buches beigetragen hat.

Dossenheim, Herbst 1993

Bernd Humberg

INHALT

Kein Leben ohne Wasser

Wasser ist für alle Lebewesen einer der wichtigsten Bau- und Funktionsstoffe. Pflanzen und Tiere bestehen zum Großteil aus Wasser: Pflanzenblätter weisen einen Wassergehalt von 70 bis 90 Gewichtsprozenten auf, beim Menschen sind es ungefähr 60 %. Für alle Lebewesen stellt Wasser den wichtigsten Grundstoff dar.

71 % der Erdoberfläche werden von Meeren bedeckt; eine fast unvorstellbare Wassermenge. Nur etwa 1/50 dieser Menge nimmt das Volumen des Süßwassers ein; davon werden 85 % im Eis der Polkappen fixiert, 14 % befinden sich im zirkulierenden Grundwasser und lediglich 1 % in Seen. Der restliche Anteil verteilt sich auf den atmosphärischen Wasserdampf, Bodenfeuchte und Fließgewässer (0,004 %).

Die Bedeutung des Süßwassers erfährt im Industriezeitalter eine neue Dimension, da anhaltende Verschmutzungen wertvolle Lebensräume vernichten und erhebliche Probleme bei der Trinkwassergewinnung nach sich ziehen.

Einige physikalisch-chemische Eigenschaften erklären die für das Leben zentrale Stellung des Wassers: Ein Wassermolekül (H_2O) kann man sich als einen kleinen Magneten vorstellen, der durch ein negativ und ein positiv geladenes Ende an benachbarten Wassermolekülen anlagert und durch Wasserstoffbrücken größere Aggregate bildet. Diese Eigenschaft macht das Wasser zu einer aktiven Substanz im Stoffwechselgeschehen der Organismen. Großen Einfluß auf die Lebewesen in einem Gewässer nimmt die Dichte (Verhältnis der Masse zum Rauminhalt) des Wassers, die etwa 775mal höher ist als die Dichte der Luft. Wasserpflanzen und -Tiere entbehren daher Stützorgane zur Erhaltung ihrer Körperform. Die Dichte des Wassers erfährt bei 4°C den größten Wert, daher ist es bei dieser Temperatur auch am schwersten. Kälteres und wärmeres Wasser hat eine geringere Dichte, ist leichter und steigt nach oben. Für das Leben in einem See hat dieses Dichtemaximum bei 4°C entscheidende Einflüsse: Das Tiefenwasser kann niemals kälter als 4°C werden. Daher friert ein See im Winter von der Oberfläche her zu. Tiere und Pflanzen können den Winter im wärmeren Tiefenwasser überdauern.

Auf Grund der spezifischen Wärmekapazität des Wassers kann ein See eine große Wärmemenge speichern. Dieses Puffervermögen macht die Gewässer zu ausgeglichenen Lebensräumen gegenüber tages- und jahreszeitlichen Temperaturschwankungen der Atmosphäre.

Süßwasser enthält wie Meerwasser Salze und Gase. Der Salzgehalt liegt meist bei 0,2 - 0,5 g pro Liter (Meerwasser 35 g/l) und besteht nicht wie beim Meerwasser aus Natriumchlorid, sondern aus Kalk in Form von Calciumkarbonat oder

Calciumhydrogenkarbonat. Liegt ein hoher Kalkgehalt vor, spricht man von hartem Wasser, umgekehrt von weichem Wasser. Die Wasserhärte wird durch den anstehenden Untergrund (kalkreiche oder kalkarme Böden) beeinflußt und in deutschen Härtegraden (dH°) angegeben.

Gewässer enthalten auch Pflanzennährstoffe wie Nitrate und Phosphate. Letztere liegen als sogenannte Minimumfaktoren in sehr geringen Mengen vor und begrenzen das Pflanzenwachstum. Zusätzlich eingeleitete Phosphate beschleunigen das Algenwachstum. Der Vorgang wird als Eutrophierung bezeichnet. In der natürlichen Entwicklung und Alterung eine Sees findet durch Fallaub und Niederschläge ein ständiger Nährstoffeintrag statt, der nach einem langen Zeitraum zur Verlandung führt. Durch Einleitungen von Abwässern und Düngemitteln der Landwirtschaft wird dieser Prozeß in erschreckender Weise beschleunigt und das ökologische Gleichgewicht massiv gestört.

Unter den im Wasser gelösten Gasen spielen hauptsächlich Sauerstoff und Kohlendioxid im Stoffkreislauf eine Rolle. Wasserpflanzen und Algen benötigen Kohlendioxid zur Synthese organischer Substanz (Photosynthese) und setzen dabei Sauerstoff frei, den die Tiere ihrerseits zur Atmung benötigen. Unter Sauerstoffaufnahme bauen Bakterien die anfallende organische Masse ab und geben Kohlendioxid frei. Der Kreislauf ist damit geschlossen.

Fließgewässer

Stehende Gewässer müssen prinzipiell von Fließgewässern unterschieden werden. Jedoch zeigen Übergangszustande, wie Seen, die von einem Bach durchflossen werden oder aufgestaute Flüsse, daß eine strikte Trennung nicht immer möglich ist.
Die Fließgewässer strömen. Tiere und Pflanzen müssen sich in Gestalt und Verhalten an diese Umgebung anpassen. Das Leben findet vor allem am oder im Gewässergrund statt, während das freie, durchströmte Wasser hauptsächlich Fischen vorbehalten ist. Tiere, die den Gewässergrund besiedeln, bilden häufig besondere Haftorgane aus. Pflanzen besitzen eine erhöhte Zugfestigkeit und wachsen in strömungsgünstigen Polstern.

Der Beginn eines Fließgewässers ist in aller Regel die Quelle. Neben der Sturzquelle und der Sumpf- oder Sickerquelle führt uns die Tümpelquelle (Limnokrene) alle charakteristischen Eigenschaften vor: Das Grundwasser tritt hier am Boden eines Quelltümpels aus. Das Wasser ist kristallklar, kalt und nährstoffarm. Eine Strömung ist kaum feststellbar und der Sauerstoffgehalt ist sehr niedrig. An diese Faktoren sind nur wenige Arten angepaßt, wie am Grund der Quelle existierende Bakterien-Lebensgemeinschaften,

Blaualgen und wenigen Grünalgen. Hinzu kommen einige Tiere mit geringen Ansprüchen an den Sauerstoffgehalt des Wasser (z. B. einige Strudelwürmer).
Der Überlauf der Tümpelquelle bildet den Bachanfang. Das Wasser beginnt zu strömen, reichert sich dadurch mit atmosphärischem Sauerstoff an und erwärmt sich allmählich. Das Gefälle nimmt entscheidenden Einfluß auf Strömungsgeschwindigkeit und Sauerstoffgehalt von Bächen. Man gliedert sie deshalb in Hochgebirgsbach, Bergbach und Niederungsbach. Der Übergang vom Bach zum Fluß ist sehr unscharf, wobei in seinem Verlauf die Fließgeschwindigkeit abnimmt und die Jahrestemperaturamplitude (Differenzbetrag zwischen höchster und geringster Temperatur) zunimmt. Ab einer Amplitude von 20°C spricht man von einem Fluß.

Die Gewässergliederung kann auch nach ökologischen Gesichtspunkten vorgenommen werden. Man verwendet dabei die für eine Region charakteristischen Fischarten. Leider kann diese Einteilung auf Grund der Zerstörung und Beeinträchtigung der Lebensräume nur noch selten angewandt werden: Die Forellenregion umfaßt schnellfließende, kalte und sauerstoffreiche Quellbäche, mit der Bachforelle als Leitfisch. In der oberen Forellenregion findet man außerdem die Groppe, die Elritze und die Bachschmerle. Die untere Forellenregion wird von Lachsen als Laichgebiet aufgesucht. An die Forellenregion schließt sich die Äschenregion an. Das Wasser ist noch sauerstoffreich, obwohl Gefälle und Strömung abgenommen haben. Neben der Äsche als Leitfisch kommen die Arten der Forellenregion, Döbel, Schneider und die Quappe vor. Höhere Wassertemperaturen, reiche Pflanzenbestände und weichgründige Stellen kennzeichnen die sich anschließende Barbenregion mit Rotauge, Rotfeder, Hecht, Flußbarsch, Zander und den Arten der Äschenregion. Die größte Artenvielfalt weist die Brachsenregion auf (entspricht den Flüssen und Strömen). Neben der Brachse als Leitfisch kommen vor allem Aal, Wels, Schleie, Karpfen, Hecht und Zander vor. Im Mündungsbereich der Flüsse liegt die Kaulbarsch-Flunder-Region. Schwankender Salzgehalt, Gezeiteneinfluß, hoher Trüb- und Nährstoffgehalt und Sauerstoffarmut kennzeichnen diesen Lebensraum von Kaulbarsch, Flunder, Aal und Stichling.

Quelle	Obere Forellenregion
Hochgebirgsbach	Untere Forellenregion
Bergbach	Äschenregion
Niederungsbach	Barbenregion
Fluß	Brachsenregion
Mündungsbereich	Kaulbarsch-Flunder-Region

Einteilung der Fließgewässer in Fischregionen.

Stehende Gewässer

Kurzzeitig, temporär bestehende Gewässer wie Regenpfützen oder periodische Gewässer, die durch Schmelzwasser oder Überschwemmungen entstehen, werden unter dem Begriff Tümpel zusammengefaßt. Weiher und Teiche sind permanent bestehende Gewässer geringer Tiefe. Die natürlich entstandenen Weiher können durch hochstehendes Grundwasser gebildet werden oder im Zuge einer Seeverlandung entstanden sein. Teiche sind künstliche Gewässer, die durch Kies- oder Tonförderung von Menschenhand geschaffen wurden. Hierzu zählen auch Fischteiche, Regenrückhaltebecken und Löschteiche. Teiche und Weiher sind durch eine hohe pflanzliche Produktion gekennzeichnet. Oft ist der gesamte Grund mit Wasserpflanzen bedeckt. Neben den höheren Pflanzen sorgen besonders einzellige Planktonalgen für eine Überproduktion von Sauerstoff am Tag, während nachts unter der Abbauleistung der Tiere und Bakterien der Sauerstoffgehalt sehr weit absinkt. Organische Substanzen können bei den hohen Wassertemperaturen im Sommer schnell mineralisiert und, wegen der geringen Wassertiefe, für die Produktion rasch verfügbar gemacht werden.

Seen sind durch ihre Tiefe gekennzeichnet. Hier wirkt sich auch der Einfluß des Dichtemaximums von Wasser aus, das zur Temperaturschichtung führt. Im Sommer ist das spezifisch leichtere, warme Wasser an der Oberfläche, während das 4°C-kalte und schwere Wasser in der Tiefe verbleibt. Warmes Oberflächenwasser (Epilimnion) wird durch eine Sprungschicht (Metalimnion, Thermokline), in der die Temperatur rapide absinkt, vom kalten Tiefenwasser (Hypolimnion) getrennt. Die Schichtung ist derart stabil, daß selbst Winde keinen Temperaturausgleich herstellen können. Das

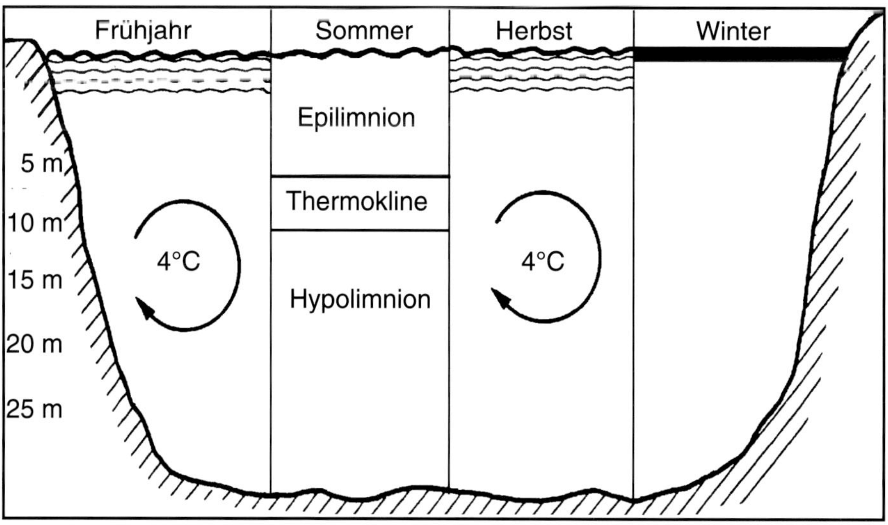

lichtdurchflutede Epilimnion ist der Bereich großer pflanzlicher Produktion mit entspechend hoher Sauerstoffbildung, während im lichtarmen Hypolimnion organisches Material unter Sauerstoffzehrung abgebaut und mineralisiert wird. Den Zustand der stabilen Temperaturschichtung nennt man Sommerstagnation. Im Herbst sinken die Lufttemperaturen und bewirken eine allmähliche Abkühlung des Oberflächenwassers. Dieser Prozeß schreitet so lange fort, bis der gesamte Wasserkörper einen Temperaturausgleich erfahren hat. Die Schichtung ist aufgehoben, und Herbststürme können den gesamten Wasserkörper umwälzen. Dieser als Herbstzirkulation bezeichnete Vorgang hat für den Stoffkreislauf eine wichtige ökologische Bedeutung. Sauerstoffreiches Oberflächenwasser gelangt in die Tiefe, kohlendioxidreiches Tiefenwasser im Gegenzug nach oben. Der Wasserstrom nimmt auch die Nährstoffe mit, die im Sommer im Hypolimnion aus totem organischem Material durch die Abbauleistung der Bakterien angehäuft wurden. Im Winter kühlt das Oberflächenwasser unter 4°C ab, wird damit leichter und verbleibt über dem relativ schweren 4°C-"warmen" Tiefenwasser. Kühlt die Luft weiter ab, kann es zur Bildung einer Eisdecke (Eis ist leichter als Wasser) kommen, die den See von der Atmosphäre völlig abschirmt. Diesen Zustand der Schichtung nennt man Winterstagnation. Nach dem Auftauen der Eisdecke im Frühjahr wird wieder ein Temperaturausgleich bei 4°C hergestellt. In der nun folgenden Frühjahrszirkulation wird wie im Hebst der gesamte Wasserkörper unter dem Einfluß des Windes umgeschichtet. Den zweimaligen Wechsel von Stagnation und Zirkulation, der für die meisten Seen Mitteleuropas charakteristisch ist, nennt man dimiktisch. Der Bodensee wie auch die großen Seen der Südalpen sind monomiktisch, da sie nur einmal im Winter zirkulieren.

Temperaturschichtungen haben einen übergeordneten Einfluß auf die vertikale Verteilung von Nährstoffen und Gasen. In einem See gibt es weitere wichtige vertikale Gradienten, wie den hydrostatischen Druck und das Licht. Temperatur, Druck, Licht sowie chemische Faktoren gliedern den See in eine Vielzahl unterschiedlicher Räume mit ungleicher Anziehungskraft auf einzelne Wasserorganismen.
Die erste Unterteilung trennt die Freiwasserzone (Pelagial) von der Bodenzone (Benthal). Die typische Lebensgemeinschaft der Freiwasserzone ist das Plankton. Hierzu zählen alle tierischen und pflanzlichen Kleinlebewesen, die nur in geringem Umfang zur Ortsveränderung befähigt sind: Bakterien, ein- bis vielzellige Algen, tierische Einzeller, Wasserflöhe u.s.w. Eine zweite Lebensgemeinschaft der Freiwasserzone, das Nekton, umfaßt Planktonfresser (einige Fischarten), die sich aktiv gegen die Wasserströmung bewegen können. Die vertikale Verteilung des Planktons wird hauptsächlich durch die Lichtintensität gesteuert. Algen sind an die oberen Wasserschichten (trophogene Zone) gebunden, da sie Licht für die Photosynthese benötigen. Ab einer bestimmten Tiefe reichen die Lichtverhältnisse für eine positive Photosynthese nicht mehr aus. Neben einigen Rotalgen und Armleuchteralgen, die das Restlicht ausnutzen können, leben in der Tiefe Organismen, die unter Sauerstoffzehrung das in der trophogenen Zone

produzierte organische Material abbauen. Dieser Bereich wird tropholytische Zone genannt.

Die Bodenzone eines Sees ist ebenfalls durch die unterschiedlichen Lichtverhältnisse in Lebensräume gegliedert. Man unterscheidet die pflanzenbewachsene Uferzone (Litoral) von der pflanzenfreien Tiefenzone (Profundal). Unterschiedliche Standortansprüche der Pflanzen erlauben eine genaue Gliederung (Zonierung) des Litorals in einzelne Lebensräume. Eine typische Verlandungsserie (so nennt der Botaniker eine Zonierung des Litorals) beginnt im oberen Litoral mit einem Röhrichtgürtel, der zum Land hin von Seggen- und Binsengewächsen eingerahmt wird. Charakteristische Röhrichtpflanzen sind Rohrkolben, Schilfrohr und Teichsimse. Röhrichte verfestigen die Uferzone mit einem Filz aus Wurzeln und wirken der Erosion des Wellenschlages entgegen. Gleichzeitig bieten sie einer Vielzahl von Wasservögeln, Amphibien und Insekten Schutz vor Feinden. In windgeschützten Seebereichen folgt der Schwimmblattgürtel. Leitpflanzen sind Seerose, Teichrose, Wasserknöterich und Knotiges Laichkraut. Mit zunehmender Wassertiefe folgt der Gürtel der untergetauchten (submersen) Wasserpflanzen mit Laichkräutern, Tausendblatt, Wasserpest u.a. Die Tiefenverbreitung dieser Blütenpflanzen wird durch den hydrostatischen Druck begrenzt. Ihre Stengel besitzen

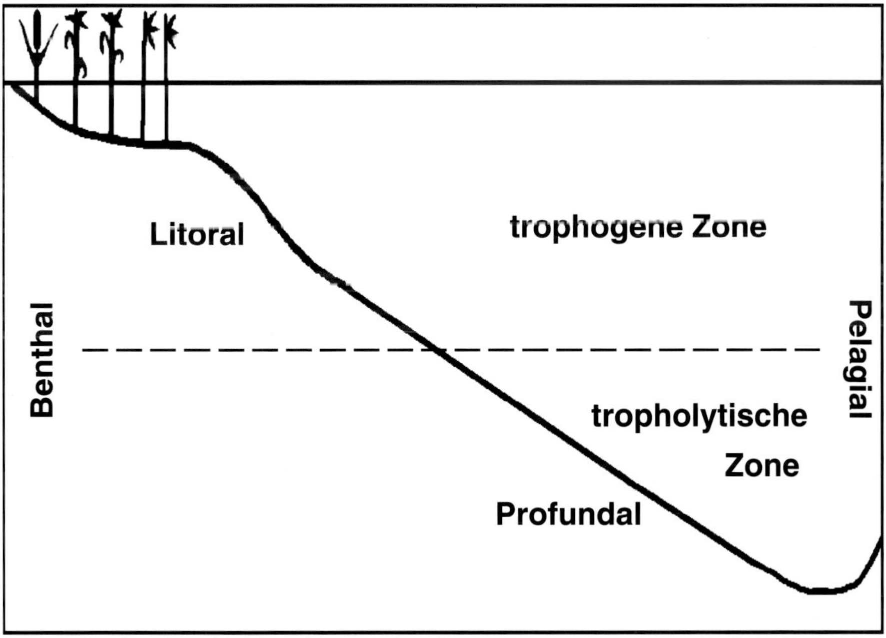

Räumliche Gliederung eines Sees.

gasgefüllte Hohlräume, die nur einem maximalen Druck von 1,8 - 2 bar (entspricht 8 - 10 m Wassertiefe) standhalten können. Anders verhält es sich bei den Armleuchteralgen: Sie sind druckunabhängig, da ihnen gasgefüllte Hohlräume fehlen. Der unterste Gürtel des Litorals sind die unterseeischen Wiesen, gebildet von Armleuchteralgen, die letztendlich durch den Faktor Licht in ihrer Tiefenausbreitung begrenzt werden.

Einige Seen besitzen am Übergang vom Litoral zum Profundal eine Schalenzone, an der sich, bedingt durch Wasserströmung, Schalen toter Weichtiere ansammeln. In diesem Gürtel wachsen noch einige Schwachlichtalgen, wie die Krusten-Rotalge und die Froschlaich-Alge.

Diese Zonierung muß nicht immer vollständig verlaufen. Natürliche Faktoren, wie Sedimentbeschaffenheit (Sand, Kies, Geröll, Schlamm), Hangneigung (flache Uferbank, Steilabfall), Sichttiefe und Nährstoffgehalt des Wassers können einzelne Gürtel unterdrücken oder fördern. Beispielsweise fehlt an einem Brandungsufer mit Geröllgrund der Röhrichtgürtel. Hier herrschen Bedingungen vor, die typischen Fließgewässerorganismen Siedlungsmöglichkeit geben.

Das Profundal ist durch das Fehlen der Pflanzen gekennzeichnet. Alle dort vorkommenden Organismen sind direkt abhängig von der Biomasse, die im Litoral und der trophogenen Zone des Pelagials produziert wurde. Die Arten dieser Lebensgemeinschaft bezeichnet man deshalb als Konsumenten. Hierzu zählen Zuckmückenlarven, Schlammröhrenwürmer, einige Strudelwürmer, Wassermilben, Hüpferlinge und Schlammfliegenlarven. Häufig massenhaft vertretene Zuckmückenlarven und Schlammröhrenwürmer fressen den nährstoffreichen Schlamm des Gewässergrundes. Gleichzeitig befördern sie den tiefer gelegenen Schlamm nach oben, wo aerobe Bakterien den Abbau vollenden, den anaerobe Bakterien begonnen haben. Bakterien und Pilze, die tote organische Stoffe abbauen und in ihre mineralischen Bestandteile zerlegen, nennt man Destruenten. Ihre Tätigkeit schließt den Kreislauf der Stoffe.

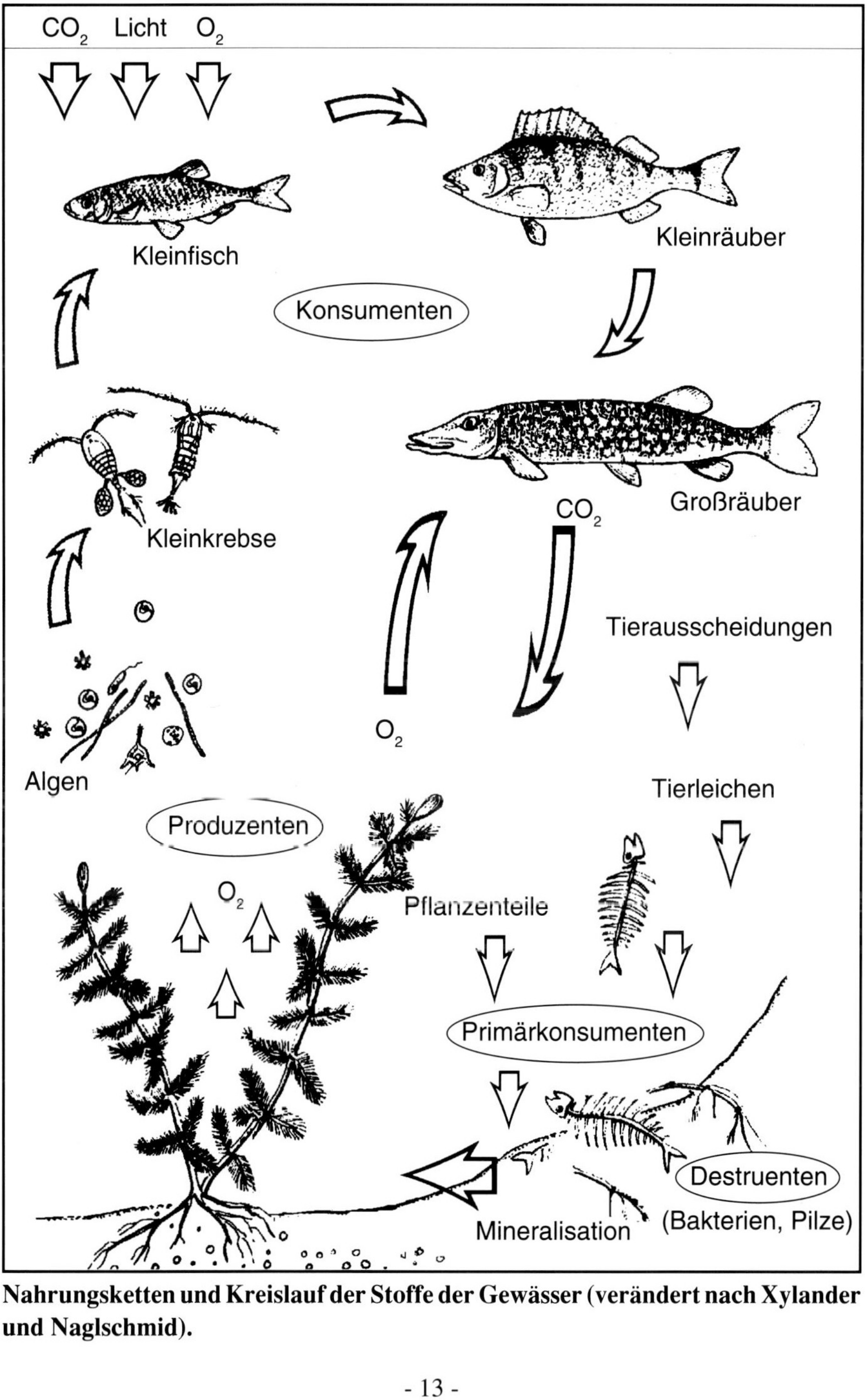

Nahrungsketten und Kreislauf der Stoffe der Gewässer (verändert nach Xylander und Naglschmid).

Gütebestimmung in Fließgewässern

Ein unverschmutztes Gewässer ist in der Lage, ein Gleichgewicht zwischen dem Aufbau (Produktion) und dem Abbau (Destruktion) organischen Materials zu halten. Nährstoffzufuhr durch Abwasser und Düngung fördern die Produktion, die wiederum eine gesteigerte Destruktion nach sich zieht. Der erhöhte Abbau kann nicht beliebig gesteigert werden, da er sauerstoffabhängig ist. Das Gewässer leidet unter dem Sauerstoffmangel, der Abbau verläuft nur teilweise, anaerobe Bakterien produzieren giftigen Schwefelwasserstoff. Die Folge: Das Gewässer kippt um.
Fließgewässer sind in viel stärkerem Maß als stehende Gewässer zur Selbstreinigung bei Abwasserzufuhr befähigt. Zum einen erhalten sie ständig den für die Abbauleistung der Bakterien notwendigen Sauerstoff, zum anderen werden die Abbauprodukte mit dem fließenden Wasser abtransportiert.

Bereits seit den 1902 veröffentlichten Untersuchungen von Kolkwitz und Marsson (Kolkwitz, R. und Marsson, M.: Grundsätze für die biologische Beurteilung des Wassers nach seiner Fauna und Flora.- Mitteil. a.d.Kgl. Prüfungsanstalt f. Wasserversorgung u. Abwasserbeseitigung, H. 1, 1902) weiß man, daß viele Organismen mehr oder weniger eng an gewisse Umweltfaktoren gebunden sind. Tiere und Pflanzen, die eine sehr enge Bindung an ganz bestimmte Umweltbedingungen zeigen, nennt man stenök. Organismen, die wahllos unterschiedliche Umweltbedingungen akzeptieren, nennt man euryök. Stenöke Organismen sind gute Bioindikatoren, deren Vorkommen Hinweise auf die Gewässergüte ihres Lebensraumes geben.
Diese, für eine Gewässergütebestimmung relevanten Arten, werden im sogenannten Saprobiensystem einem bestimmten Wert (Saprobienindex, SI) zugeordnet, der durch mühsame Feldarbeit und Laboruntersuchungen ermittelt wurde. Definitionsgemäß stellt der Saprobienindex (SI) der Wassertiere ein Maß für die Belastung bzw. Verschmutzung ihres Lebensraumes mit abbaubaren organischen Substanzen dar. Die Untersuchung eines Fließgewässers nach seinen bioindikatorisch bedeutsamen Arten erlaubt mit Hilfe der bekannten Indexwerte eine abschließende Beurteilung der Gewässergüte nach folgender Tabelle:

Güteklasse I (Oligosaprobie): SI 1,0 - < 1,5. Sauerstoffgesättigtes und nährstoffarmes Wasser; Quellgebiete und klare Oberläufe sommerkalter Fließgewässer. Strudelwürmer, Steinfliegenlarven, Köcherfliegenlarven. Laichgewässer von Forellen und Saiblingen.

Güteklasse I -II: SI 1,5 - < 1,8. Geringe organische und anorganische Nährstoffbelastung. Klare Gewässeroberläufe. Groppe.

Güteklasse II (Betamesosaprobie): SI 1,8 - < 2,3. Mäßige Verunreinigung und gute Sauerstoffversorgung. Hohe Artenvielfalt. Wasserpflanzen, Schnecken, Kleinkrebse.

Güteklasse II - III: SI 2,3 - < 2,7. Belastung durch organische, sauerstoffzehrende Substanzen. Fischsterben bei Sauerstoffmangel möglich. Fädige Grünalgen.

Güteklasse III (Alphamesosaprobie): SI 2,7 - < 3,2. Starke organische Belastung und niedriger Sauerstoffgehalt. Faulschlammbildung. Periodisches Fischsterben möglich. Schwämme, Egel, Wasserasseln.

Güteklasse III - IV: SI 3,2 - < 3,5. Sehr stark verschmutzt. Häufig Sauerstoffmangel. Hoher Trübstoffgehalt. Großflächige Faulschlammlagen. Schlammröhrenwürmer, Zuckmückenlarven.

Güteklasse IV (Polysaprobie): SI 3,5 - 4,0. Übermäßig verschmutzt. Schwefelwasserstoffbildung und Sauerstoffmangel. Bakterien, Geißeltierchen, keine Fische.

Einteilung der Fließgewässer in Güteklassen.

Zur Gewässergütebestimmung sammelt man an einer Untersuchungsstelle am Ufer etwa 15 Minuten lang (alternativ kann man eine festgelegte Anzahl gleichgroßer Steine umdrehen oder eine bestimmte Anzahl von Netzzügen machen) Wassertiere ein und vergibt jeder Art eine Häufigkeitsstufe:
1 = Einzelfund; 3 = regelmäßig; 5 = massenhaft.

Die Zuordnung zu Häufigkeitsstufen ist wichtig, da der Saprobienindex einer Art, die an der Untersuchungsstelle nur einmal gefunden wurde, geringer zu bewerten ist als der einer massenhaft vorkommenden Art. Will man abschließend den Saprobienindex des untersuchten Gewässers berechnen, müssen die ermittelten Häufigkeiten (H) und Saprobienindizes (SI) der einzelnen Arten (1, 2, ...) in folgende Formel eingetragen werden:

$$\text{Saprobienindex des Gewässers: } \frac{(SI_1 \cdot H_1) + (SI_2 \cdot H_2) \quad + \ldots}{H_1 \quad + \quad H_2 \quad + \ldots}$$

Ein Berechnungsbeispiel soll die Vorgehensweise verdeutlichen:

gefundene Arten	SI		H		SI · H
Wandermuschel	1,5	·	5	=	7,5
Federlibelle	1,6	·	1	=	1,6
Milchweiße Planarie	2,0	·	3	=	6,0
Spitzschlammschnecke	1,9	·	1	=	1,9
Summe			10		17

Berechnung $$SI = \sum_{k=1}^{n} \frac{(SI \cdot H)_n}{(H)_n} = \frac{17}{10} = 1{,}7$$

Das Ergebnis SI = 1,7 ergibt eine Einstufung in Güteklasse I - II (gering belastet).

Gütebestimmung stehender Gewässer

Das Saprobiensystem kann nur in den zur Selbstreinigung befähigten Fließgewässern angewandt werden. Stehende Gewässer sind geschichtete dreidimensionale Wasserkörper mit äußerst eingeschränkter Selbstreinigungskraft, die in unterschiedlicher Tiefe durchaus unterschiedliche Güte aufweisen können. Würde man im Sommer einen See mit Hilfe des Saprobiensystems untersuchen, könnten für den Bereich des Profundals eine Gewässergüte IV und für das Litoral eine Güte von II ermittelt werden. Diese für eine Gütebeurteilung untauglichen Ergebnisse sind eine Folge der Schichtung des Wasserkörpers.
Zur Beurteilung stehender Gewässer ermittelt man sinnvollerweise die Intensität der pflanzlichen Produktion (Trophie). Algen und höhere Wasserpflanzen verwerten die beim Abbau organischer Substanz freiwerdenden Nährstoffe und reagieren empfindlich auf eingeleitete Abwässer und Düngemittel. Als gute Bioindikatoren sind viele Wasserpflanzen stenök, d.h. sie besitzen eine enge Bindung an eine bestimmte Nährstoffsituation. Vorteilhaft ist, daß man Wasserpflanzen mit bloßem Auge bestimmen und direkt vor Ort (unter Wasser) eine grobe Aussage über die Nährstoffsituation treffen kann. Die als Indikatoren bedeutsamen Wasserpflanzen (Melzer et al. 1988) hat man in 5 Indikatorgruppen (I) eingeteilt. Arten der Indikatorgruppe 1, wie Armleuchteralgen, zeigen die geringste Nährstoffbelastung (oligotrophe Stufe) an. Arten der Indikatorgruppe 5, wie Hornblatt, Pfeilkraut und Wasserlinsen, zeigen dagegen eine sehr hohe Nähstoffbelastung (eutrophe Stufe) an. Die Indikatorgruppen 2 - 4 stellen Übergänge (mesotrophe Stufen) zwischen den beiden Extremen dar.

sehr gering belastet	gering belastet	mäßig belastet	stark belastet	sehr stark belastet
Indikator 1	Indikator 2	Indikator 3	Indikator 4	Indikator 5
Chara hispida	Chara tomentosa	Stern-armleuchteralge	Wasserpest	Pfeilkraut
Chara strigosa	Zerbrechliche Armleuchteralge	Südlicher Wasserschlauch	Kammförmiges Laichkraut	Wasserlinsen
Rauhe Armleuchteralge		Ähriges Tausendblatt	Krauses Laichkraut	Teichlinse
Kleiner Wasserschlauch		Quirlblättriges Tausendblatt	Tannenwedel	Rauhes Hornblatt
Blaßgelber Wasserschlauch		Glänzendes Laichkraut	Spreizender Hahnenfuß	Knotiges Laichkraut
		Durchwachsenes Laichkraut	Haarblättriger Hahnenfuß	Sumpf-Teichfaden

Einteilung ausgewählter Wasserpflanzen in Indikatorgruppen (nach Melzer et al. 1988)

Zur Untersuchung eines Sees hat sich die Tauchkartierung bewährt: Eine Tauchergruppe teilt sich den Uferbereich in festgelegte Tiefenzonen ein. Den Flachwasserbereich (0 - 2 m) übernimmt ein Schnorcheltaucher. Die Tiefenzone von 2 - 4 m und von 4 m bis zur unteren Verbreitungsgrenze der Wasserpflanzen übernimmt je ein Gerätetaucher. Zur Sicherheit dienen Bojen und Begleittaucher oder, an Stellen mit sehr breiter Uferbank, ein Begleitboot. Dieses dient zusätzlich der Koordination der Gruppe, und es kann Kartierungsergebnisse und Pflanzenproben entgegennehmen. Um ein möglichst exaktes Bild der Wasserpflanzenverteilung zu erhalten, ist es notwendig, die Uferlinie in einzelne Abschnitte zu unterteilen. Als eigene Abschnitte bieten sich Badebereiche, Bachmündungen, bebaute und naturbelassene Uferbereiche an. Bei äußerlich gleicher Uferbeschaffenheit kann die Tauchergruppe bei auffälliger Änderung des Bewuchses jederzeit eine Abschnittsgrenze festlegen. Dieses Vorgehen bewährt sich bei vorher unbekannten oder verdeckten Verschmutzungsquellen wie kanalartigen Zuleitungen oder nährstoffreichen Grundwasseraustritten, in deren Umfeld sich die Artenzusammensetzung ändert. Am Ende einer Abschnittsgrenze werden die Häufigkeiten (H) der gefundenen Arten nach einer fünfstufigen Schätzskala bewertet (Notizen können unter Wasser mit Bleistift auf einer angerauhten Aluminium- oder Plastiktafel gemacht werden):

1 = sehr selten, Einzelfund; 2 = selten; 3 = regelmäßig verbreitet; 4 = häufig, stellenweise dichte Bestände bildend; 5 = massenhaft.

In Anlehnung an die Formel für die Berechnung des Saprobienindex wird nach der Kartierung der mit bloßem Auge erkennbaren Wasserpflanzen (Makrophyten) für jeden Uferabschnitt ein sogenannter Makrophytenindex (MI) berechnet.

$$\text{Makrophytenindex} = \frac{(I_1 \cdot H_1) + (I_2 \cdot H_2) + \ldots}{H_1 + H_2 + \ldots}$$

Sämtliche Produkte aus Häufigkeit (H) und Indikatorgruppe (I) werden addiert und in den Zähler des Bruches gestellt. In den Nenner stellt man die Summe sämtlicher Häufigkeiten. Die Berechnung erfolgt für jede Art in den jeweiligen Tiefenstufen (0 - 2 m; 2 - 4 m; 4 m - Vegetationsgrenze).

Ein Beispiel soll die Berechnungsweise (nach Melzer et al.1988) verdeutlichen:

gefundene Arten	I Indikator	H Häufigkeit			I x H		
Tiefenstufen (m)		0 - 2	2 - 4	4 - >	0 - 2	2 - 4	4 - >
Rauhes Hornblatt	5	-	2	3	-	10	15
Kamm-Laichkraut	4	2	1	-	8	4	-
Ähriges Tausendblatt	3	3	1	-	9	3	-
Wasserpest	4	2	2	2	8	8	8
Glänzendes Laichkraut	3	-	3	-	-	9	-
Summen		7 +	9 +	5 = 21	25 +	34 +	23 = 82

Berechnung $MI = \sum_{k=1}^{n} \frac{(I \cdot H)_n}{H_n} = \frac{82}{21} = 3{,}9$

Der ermittelte Wert gibt über die Nährstoffbelastung des kartierten Uferabschnittes Aufschluß. Nach folgender Tabelle, die den Zusammenhang zwischen den Indexbereichen und den jeweiligen Belastungsstufen zeigt, wäre dieser Abschnitt mit einem Makrophytenindex von 3,9 stark nährstoffbelastet:

Indexbereich	Nährstoffbelastung
1,0 - 1,9	sehr gering
1,9 - 2,4	gering
2,5 - 2,9	mäßig
3,0 - 3,4	erheblich
3,5 - 3,9	stark
4,0 - 5,0	sehr stark

Gebrauchsanweisung

Dieses Buch erleichtert auf einfache Weise die Bestimmung von Pflanzen und Tieren. Mit Hilfe der Photos und der gegenüberliegenden Beschreibung kann die Art oder zumindestens die Gattung bestimmt werden.
In der Kopfzeile der Beschreibung werden deutscher und wissenschaflicher Name der behandelten Gruppe, darunter der deutsche und der wissenschaftliche Artname angegeben. Namen solcher Arten, die auch für Spezialisten schwer unterscheidbar sind, enden mit dem Kürzel "sp." (Species).
Für die Identifizierung einer Art sind zusätzlich Standort und Tiefenangaben wichtige Hilfsmittel, die gut überschaubar in Form von Piktogrammen dargestellt werden. Umgekehrt kann man mit Hilfe der Piktogramme die angesprochenen Tiere und Pflanzen unter Wasser schneller auffinden. Die schwarzen Pfeile in den Uferskizzen verweisen auf den bevorzugten Lebensraum der Arten. Der senkrechte Pfeil erklärt die Tiefenzone, innerhalb der sich die beschriebenen Organismen in der Regel aufhalten. Tiere, die eine überwiegend nachtaktive Lebensweise führen, werden durch den Zusatz "nachtaktiv" hervorgehoben.
Die einzelnen Uferabschnitte werden in der Einleitung (stehende Gewässer) besprochen. Im Text sind ergänzend zu den Piktogrammen und Farbphotos wesentliche Merkmale, Verhaltensweisen oder Besonderheiten erläutert.
Ein großes Literaturverzeichnis auf Seite 199 soll dem engagierten Leser die Suche nach weiterführenden Beschreibungen erleichtern. Das Namens- und Sachregister, ab Seite 194, erlaubt ein rasches Auffinden der Abbildungen oder der Schlagworte.

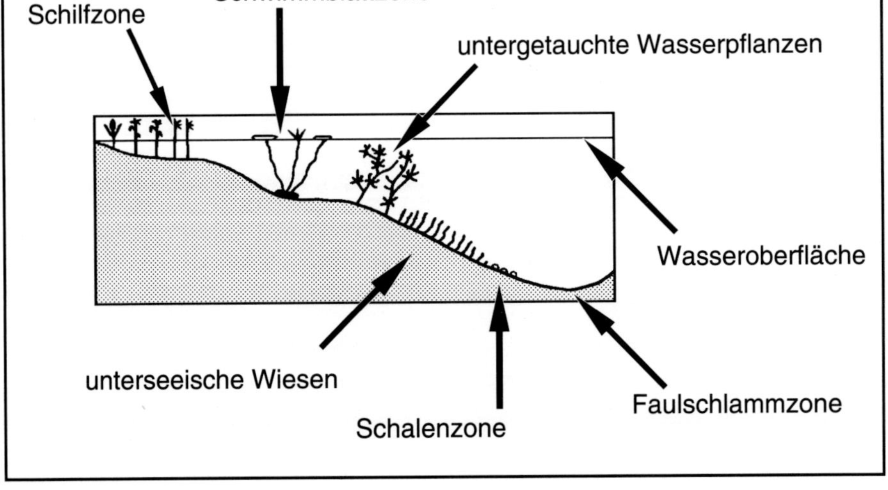

Artenschutz und Gewässergüte

Zwischen den Piktogrammen der Uferskizze und der Tiefenangabe befindet sich ein waagerechter Strich an dem, falls für die jeweilige Art zutreffend, wichtige Informationen über Artenschutz und Gewässergüte auf einem Blick zusammengefaßt werden. In der oberen Reihe erscheinen Angaben über Gefährdung und Naturschutz nach der "Roten Liste der gefährdeten Tiere und Pflanzen in der Bundesrepublik Deutschland". Danach bedeutet die Abkürzung **N !**, daß die betreffende Art unter Naturschutz steht. Die Abkürzung **G** gefolgt von einer Zahl, kennzeichnet den Gefährdungsgrad der jeweiligen Art. Die Zahlen haben folgende Bedeutung:
0 = ausgestorben oder verschollen, 1 = vom Aussterben bedroht, 2 = stark gefährdet, 3 = gefährdet, 4 = potentiell gefährdet.
Aus der unteren Reihe können Informationen über Indikatoreigenschaften der Arten entnommen werden.
Arten, zu denen keine Daten über Gewässergüte und Artenschutz vorliegen, werden mit "keine Angaben" gekennzeichnet.

Naturschutz **Gefährdungsgrad**

N ! G 3
MI 3

N ! G 3
SI 1,0

MI gefolgt von einer Zahl steht für Makrophytenindex bei indikatorisch bedeutsamen Wasserpflanzen, die in fünf Indikatorgruppen eingeteilt werden (siche Seite 17). Arten der Gruppe 1 zeigen geringste Nährstoffbelastung an, während Arten der Gruppe 5 eine sehr hohe organische Belastung anzeigen. Die Gruppen 2 - 4 stellen Übergänge zwischen den Extremen der Gruppe 1 und 2 dar.

SI gefolgt von einer Zahl steht für Saprobienindex bei indikatorisch bedeutsamen Wassertieren, wobei die Zahlen zwischen 1 und 4 angeben, bei welcher Gewässerbelastung die jeweiligen Tiere vorzugsweise leben (siehe Seite 15). Arten mit SI 1 leben in unbelasteten, sauberen Gewässern, während Arten mit SI 4 stark organisch belastete Gewässer anzeigen. SI 2 und 3 stellen Übergänge dar.

BAKTERIEN, BLAUALGEN - BACTERIA, CYANOPHYTA

Bakterien und Blaualgen besitzen keinen echten Zellkern, da die ihre Erbinformation enthaltende Substanz (DNA) nicht von einer Kernhülle umgeben ist. Man faßt beide Gruppen unter dem Begriff Prokaryoten zusammen und stellt sie den echten Zellkern besitzenden Eukaryoten gegenüber. Die wichtige Bedeutung der Bakterien besteht darin, tote organische Substanz mittels Enzymen in kleinste mineralische Bestandteile zu zerlegen, die den Pflanzen als Nährstoffe dienen. Bakterien sind die Grundlage für die Selbstreinigung der Gewässer. Manche Bakterien benötigen zum Leben Sauerstoff (aerobe Bakterien) und veratmen organische Verbindungen zu Wasser und Kohlendioxid, während andere ohne Sauerstoff (anaerob) leben und durch Gärungen Energie gewinnen. Im Gegensatz zu den einzelligen Bakterien können Blaualgen komplexe, vielzellige Körper aufbauen. Sie betreiben Photosynthese mit Hilfe von Assimilationsfarbstoffen. Ihnen fehlen im Gegensatz zu den höheren Algen und Pflanzen jedoch die Chloroplasten. Blaualgen sind oft durch eingelagerte Farbstoffe, wie blaues Phycocyanin und gelbe Carotinoide, schillernd bunt gefärbt.

Rotes Glanz-Schwefelbakterium - Lamprocystis rosea-persicina

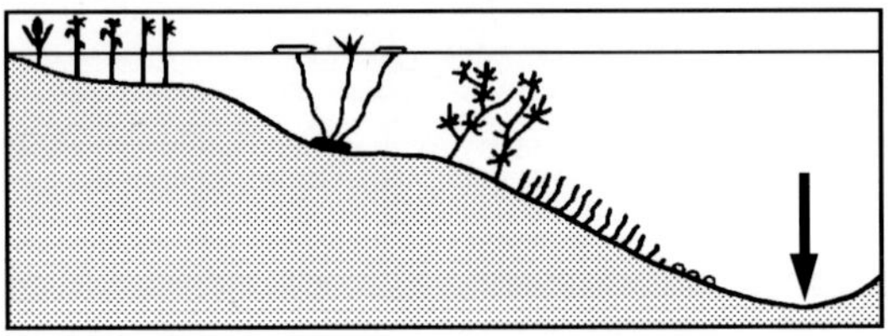

SI 4

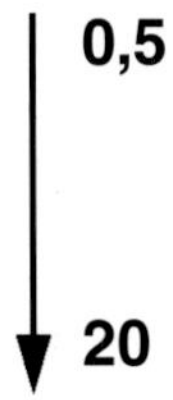

Das Rote Glanz-Schwefelbakterium gehört zu den Purpurschwefelbakterien, die häufig am Grund unterseeischer Quellen vorkommen und am Tag blasenförmig aus dem Schlammgrund aufsteigen. Vorkommen dieser Bakterien deuten immer auf Sauerstoffarmut hin (Abwasserbakterium).

Unter dem Mikroskop erkennt man kugelige Zellen, die in einer gemeinsamen Gallerthülle liegen. Die auffällige Färbung deutet auf den Besitz des Bakterio-chlorophylls und der Carotinoide hin. Der bei der Photosynthese entstehende Schwefel wird in Tröpfchen in der Zelle gespeichert.

Rotes Glanz-Schwefelbakterium Lamprocystis rosea-persicina ➡

BAKTERIEN, BLAUALGEN - BACTERIA, CYANOPHYTA

Kalkkrusten-Blaualge - Rivularia haematites

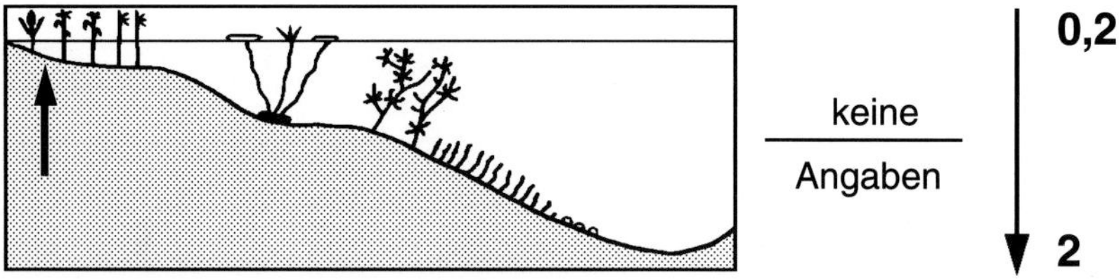

Diese Blaualge bildet durch Kalkeinlagerungen harte, bis zu 3 cm dicke braune Lager. Sie überzieht Steine, Pflanzenteile, Holz und Laub in stehenden und fließenden Gewässern. Die Kalkkrusten-Blaualge benötigt für die Photosynthese intensive Sonneneinstrahlung.

Schwingalgen - Oscillatoria

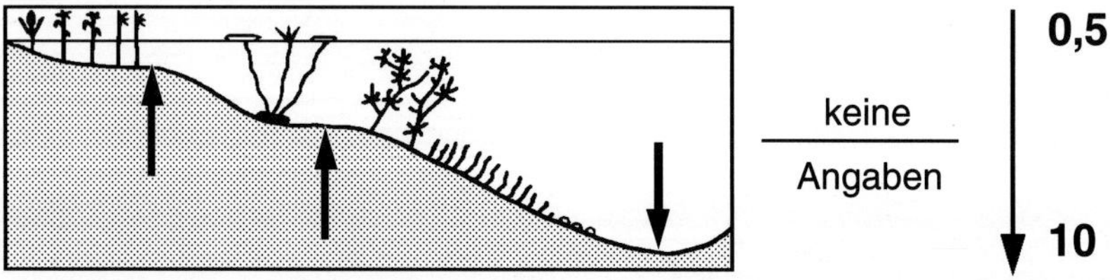

Der Name dieser fadenförmigen Vertreter der Blaualgen stammt von der Eigenschaft ab, pendelnde Suchbewegungen durchzuführen. Berührt ein Fadenende einen Gegenstand, bleibt er haften und dient damit der schnellen Besiedlung neuer Unterlagen. In Kürze überziehen die Schwingalgen als schleimiges Geflecht den Gewässergrund. Im Spätsommer lösen sich ganze Lagen, durch Gasbildung begünstigt, vom Grund ab und treiben zur Wasseroberfläche. Im Volksmund werden diese übelriechenden Gebilde als "Krötenhäute" bezeichnet.

Kalkkrusten-Blaualge *Rivularia haematites*

Schwingalgen *Oscillatoria*

PILZE - FUNGI

Wasserschimmel - Saprolegnia sp.

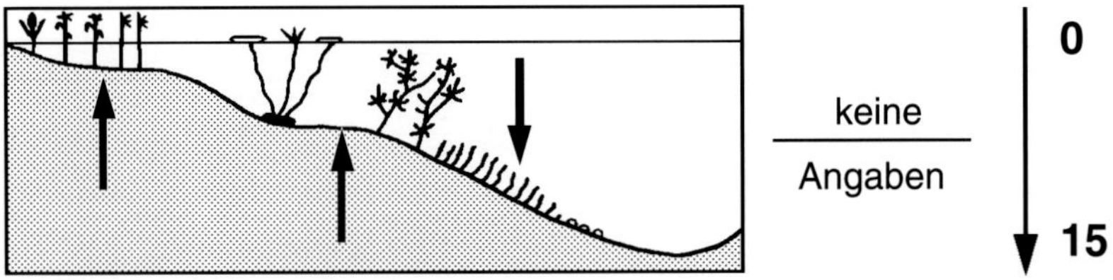

Diese Pilzart befällt faulende Pflanzenteile und Tierleichen, parasitiert aber auch auf geschwächten Fischen (sogenannter Fischschimmel). Die schlauchförmigen Hyphen stehen steif vom Substrat ab. Nimmt man diese Watten aus dem Wasser, fallen sie zu einer formlosen Masse zusammen. Gegen Ende der Vegetationsperiode zerfallen die Hyphen in einzelne Bruchstücke (Gemmen), die den Winter überdauern. Ebenfalls häufig ist der Nebelpilz (*Achlya racemosa*), der neben toten Tieren vor allem abgestorbene Zweige rasenartig überzieht. Die Watten dieser Art fallen über Wasser nicht zusammen.

Wasserschimmel Saprolegnia sp. (auf Fischleiche)

Wasserschimmel auf Ästen und Blättern

ROTALGEN - RHODOPHYTA

Rotalgen sind als typische Meeresbewohner bekannt, aber nur wenige Arten siedeln in Süßgewässern. Ihre Körper (Lager, Thalli) setzen sich aus Systemen verzweigter Fäden zusammen, die bei Meeresalgen auffällige Größen erreichen. Die Süßwasserarten sind hingegen klein und häufig weniger typisch rot gefärbt. Neben Chlorophyll a und Carotinoiden enthalten die Rotalgen zwei charakteristische Farbstoffe: Phycocyanin und Phycoerythrin. Diese Pigmente absorbieren das zur Photosynthese benötigte Licht bei unterschiedlichen Wellenlängen. Da mit zunehmender Tiefe langwelliges (rotes) Licht vom Wasser gefiltert wird, können Rotalgen durch den Besitz ihrer unterschiedlichen Pigmente in Wassertiefen vordringen, in denen grüne Pflanzen nicht mehr lebensfähig wären.

Krusten-Rotalge - Hildenbrandia rivularis

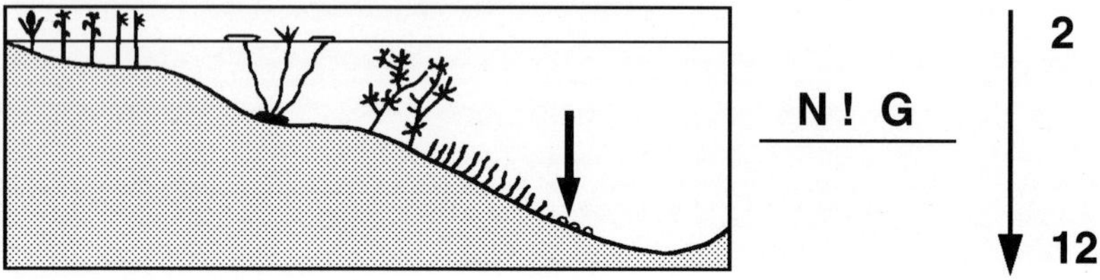

Viele nebeneinander liegende Zellreihen zeichnen den Körper der Krusten-Rotalge aus. Sie bildet flache Überzüge auf Steinen in Gebirgsbächen, in Seen und kalten Quellabflüssen der Ebene. Durch Eutrophierung ihrer Gewässer wird diese Rotalge stark gefährdet.

Froschlaich-Alge - Batrachospermum monoliforme

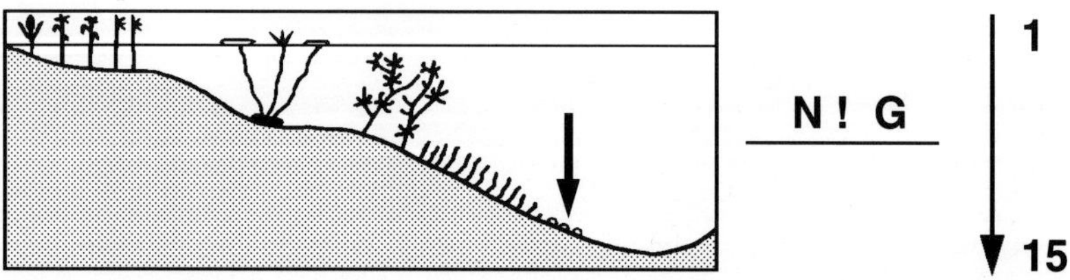

Bei naher Betrachtung zeigt die Froschlaich-Alge ein perlschnurartiges Fadensystem, in dem in regelmäßigen Abständen reich verzweigte Astbüschel an einer zentralen Achse sitzen. Ihren Namen verdankt diese Alge der gallertigen Konsistenz. Die Lebensräume der Froschlaich-Alge sind klare Quell- und Gebirgsbäche oder saubere Seen.

Krusten-Rotalge Hildenbrandia rivularis

Froschlaich-Alge Batrachospermum monoliforme

GRÜNALGEN - CHLOROPHYTA

Innerhalb dieser artenreichen Algengruppe findet man einzellige, begeißelte oder unbegeißelte, fädige und lagerbildende (thallöse) Arten vereint. 90 % der Grünalgen kommen im Süßwasser vor, 10 % im Meer. Viele leben als Planktonten in den oberen Wasserschichten der Seen und stellen eine wichtige Nahrungsgrundlage für tierische Organismen dar. Alle Vertreter der Grünalgen besitzen Merkmale, die eine Verwandtschaft zu den höheren Pflanzen erkennen lassen: Bau und Struktur der Chloroplasten, Zellwände aus Cellulose und Stärke als Produkt der Photosynthese. Die Abteilung der Grünalgen (Chlorophyta) umfaßt drei systematische Klassen: die Grünalgen (Chlorophyceae), die Jochalgen (Conjugatophyceae) und die Armleuchteralgen (Charophyceae).

GRÜNALGEN - CHLOROPHYCEAE

Wassernetz - Hydrodictyon reticulatum

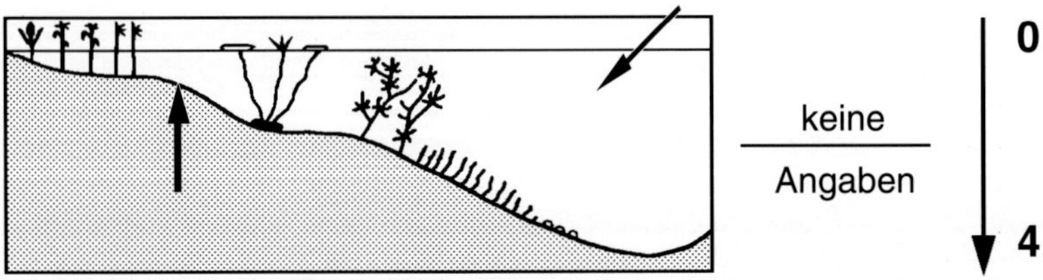

Tausende von schlauchförmige Zellen bilden ein sackförmiges Netz, in dem jeweils 3 Zellen miteinander verbunden sind. Die Kolonien liegen entweder auf dem Grund oder treiben planktontisch im freien Wasser. Bei der Fortpflanzung entstehen bis zu 20.000 begeißelte Sporen in einer Mutterzelle. Hier lagern sich die Sporen zur Netzstruktur zusammen, bis schließlich die junge Kolonie nach Aufreißen der Mutterzellwand ins Freie gelangt. Das Wassernetz bevorzugt saubere bis leicht verschmutzte stehende Gewässer.

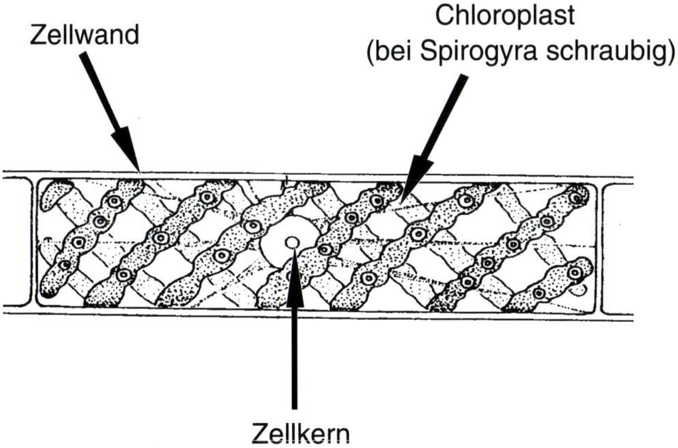

Wassernetz Hydrodictyon reticulatum

GRÜNALGEN - CHLOROPHYCEAE

Darmalge - Enteromorpha intestinalis

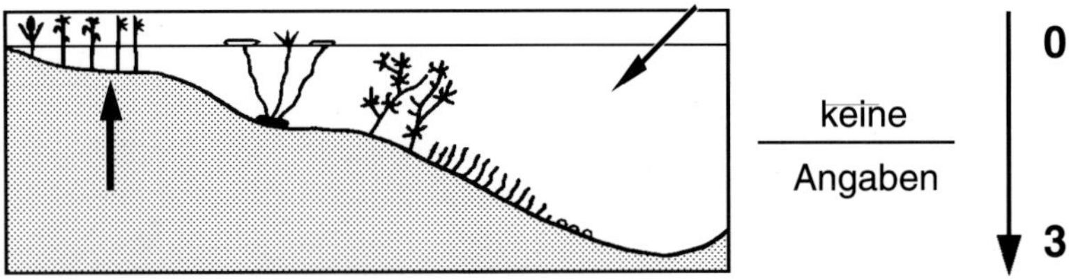

Diese Art erscheint sowohl im Meer als auch im Süßwasser. Die darmähnlichen Röhren können eine Länge bis zu 200 cm erreichen. Sie sind anfangs am Grund festgewachsen, später treiben sie frei an der Wasseroberfläche fließender und stehender, mäßig nährstoffbelasteter Gewässer (Altwasser, Baggerseen).

Lockere Borsten-Grünalge - Chaetophora incrassata

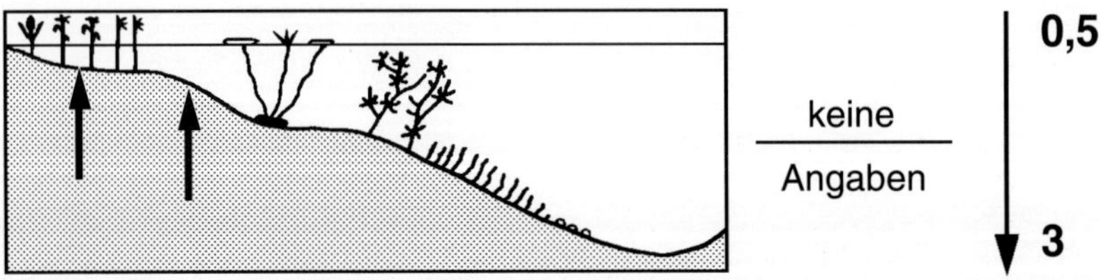

Die Vertreter der Borsten-Grünalgen sind einige Zentimeter groß und hellgrün gefärbt. Von einer Basis locker verbundener Einzellzellen oder Fäden wachsen sogenannte "Wasserstämme" ab. Die Endzellen alter Zweige laufen in ein langes, zellig gegliedertes Haar aus. Einige Arten bilden kugelige, andere, wie die Lockere Borsten-Grünalge, verzweigte, gallertige Stränge. Sie bevorzugt klare, saubere fließende oder stehende Gewässer und siedelt häufig auf Steinen, Pflanzen oder Holz.

Darmalge Enteromorpha intestinalis

Lockere Borsten-Grünalge Chaetophora incrassata

GRÜNALGEN - CHLOROPHYCEAE

Astalgen - Cladophora sp.

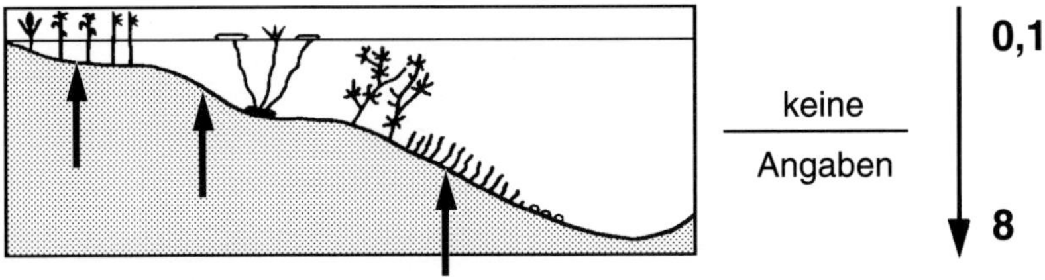

Fädige Grünalgen, die verzweigte Büschel bilden und den Gewässergrund oft rasenartig überziehen. Unter dem Mikroskop sieht man mehrere Zellkerne und einen zweigeteilten Chloroplasten pro Zelle. Die Astalgen können an ihrer starren und rauhen Oberfläche erkannt werden. In nährstoffreichen stehenden und fließenden Gewässern treten sie häufig mit Massenentwicklung auf.

JOCHALGEN - CONJUGATOPHYCEAE

Schraubenalgen - Spirogyra sp.

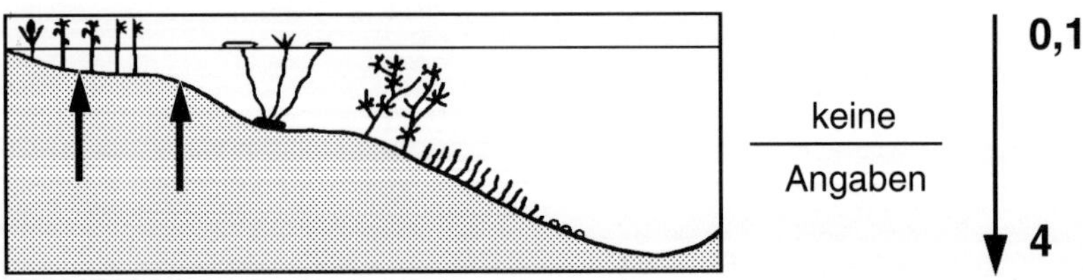

Der deutsche Name dieser fadenförmigen Algen bezieht sich auf eine eigentümliche Fortpflanzungsweise: Die Zellen zweier Fäden legen sich aneinander und bilden einen Kanal, über den jeweils zwei Protoplasten miteinander verschmelzen. Diese Form der sexuellen Vermehrung ohne freischwimmende Keimzellen nennt man Konjugation. Kennzeichen der Schraubenalgen sind ihre schraubenförmig linksgewundenen Chloroplasten. Die hellgrünen Watten der Arten findet man häufig in Quelltöpfen oder an flachen Uferbereichen klarer Seen.

Astalgen Cladophora sp.

Schraubenalgen Spirogyra sp.

ARMLEUCHTERALGEN - CHAROPHYCEAE

Der Name dieser Grünalgenklasse bezieht sich auf den schachtelhalmähnlichen Aufbau ihrer Körper. Die Sprosse bestehen aus röhrenförmigen, langgestreckten Zellen, an denen in Abständen quirlartige Seitenorgane (Quirläste) sitzen. Zwei Quirlastabschnitte werden von einer bis zu 10 cm langen Zelle (Internodium) verbunden, die bei Arten der Gattung Chara von mehreren Zellen umschlossen wird. Man bezeichnet den Sproß als berindet. Den Arten der Gattungen Nitella und Nitellopsis fehlen diese Rindenzellen; ein Merkmal, das unter Wasser erkennbar ist. Größe und Anzahl der Rindenzellen sind wichtige Bestimmungsmerkmale der schwer unterscheidbaren Arten. Einige Armleuchteralgen fallen vor Ort durch den Besitz eines Stachelkleides auf. Dazu gehören *Chara aspera* und *Chara hispida*. Die Quirläste tragen die Fortpflanzungsorgane. Die rotgefärbten, wie kleine Fußbälle aussehenden männlichen Organe heißen Antheridien und produzieren begeißelte Samenzellen. Die weiblichen Organe (Oogonien) sind grünlich, von ellipsoider Gestalt und enthalten eine große Eizelle.
Die Armleuchteralgen sind stets durch Wurzelhaare im Grund befestigt. Einige Arten tragen daran weiße Stärkekörper, die eine Artbestimmung leicht ermöglichen.
Die Vertreter dieser Algengruppe sind oft sehr gute Bioindikatoren im Hinblick auf die Gewässergütebeurteilung. Sie bevorzugen nährstoffarme Gewässer und besiedeln häufig die tiefsten Zonen des Gewässergrundes. Durch ihre flächendeckende Ausdehnung werden nicht selten sogenannte unterseeische Wiesen gebildet.

Rauhe Armleuchteralge - Chara aspera

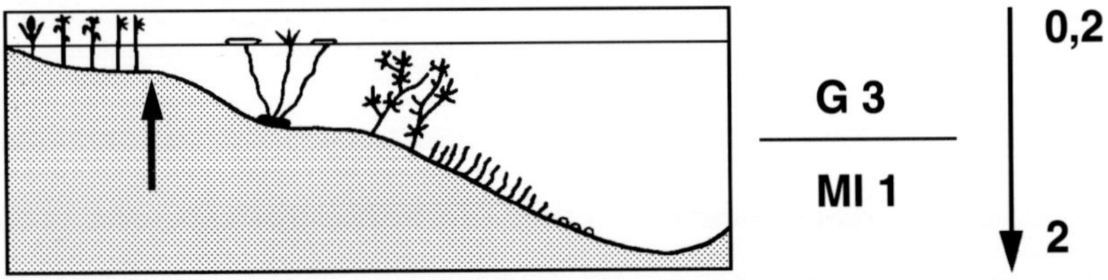

Die kleinste und feingliedrigste Art der Gattung Chara fällt durch die starke Bestachelung und eine häufige Kalkinkrustation auf. Eindeutiges Bestimmungsmerkmal unter Wasser sind die kugelförmigen Stärkekörper an den Wurzelhaaren. *Chara aspera* reagiert empfindlich auf Nährstoffbelastung. Rasenförmige Massenvorkommen in Flachwasserzonen deuten deshalb auf geringe organische Belastung hin. Die Art findet man in langsam fließenden Quellflüssen, klaren Baggerseen, Voralpen- und Alpenseen.

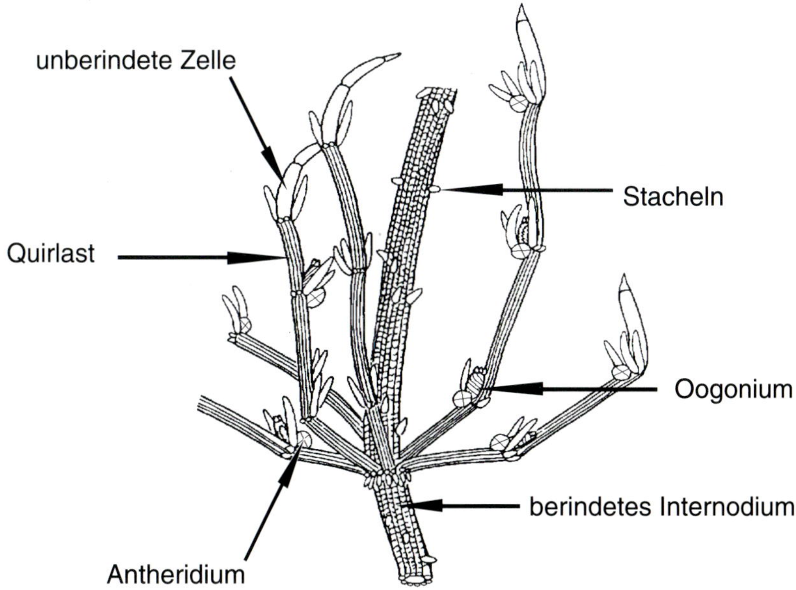

Rauhe Armleuchteralge Chara aspera

ARMLEUCHTERALGEN - CHAROPHYCEAE

Zerbrechliche Armleuchteralge - Chara fragilis

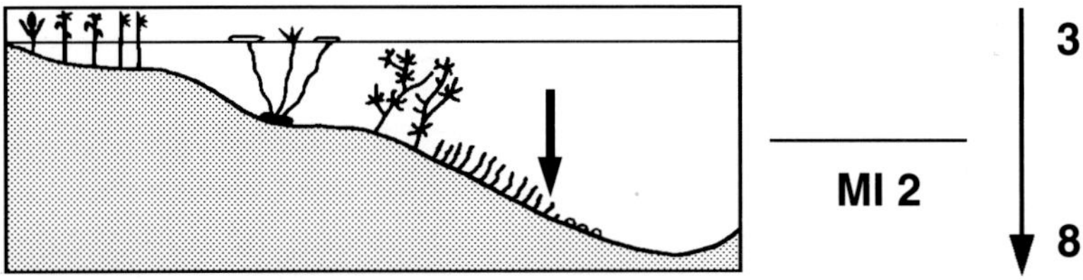

Diese Alge ist eine häufige Art in Baggerseen der Oberrheinebene und in großen Voralpenseen. Typisch sind die fehlende Bestachelung, lange gebogene Quirläste und eine sattgrüne Färbung. *Chara fragilis* bevorzugt größere Wassertiefen bis zur Vegetationsgrenze. Die Art ist tolerant gegenüber geringer Nährstoffbelastung.

Chara hispida

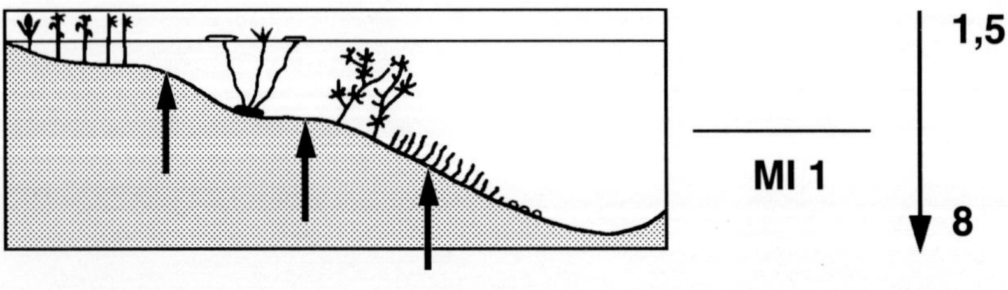

Die auffällig große, bis zu 70 cm hochwachsende Art, stellt einen der besten Indikatoren für nährstoffunbelastetes Wasser dar. Experimentell konnte nachgewiesen werden, daß diese Armleuchteralge vor allem empfindlich auf eine erhöhte Phosphatkonzentration reagiert. Kennzeichen von *Chara hispida* sind die hellgrüne Färbung, Bestachelung in Büscheln aus 2 - 3 Stacheln und die starren, drahtigen Quirläste.

Zerbrechliche Armleuchteralge Chara fragilis

Chara hispida

ARMLEUCHTERALGEN - CHAROPHYCEAE

Chara tomentosa

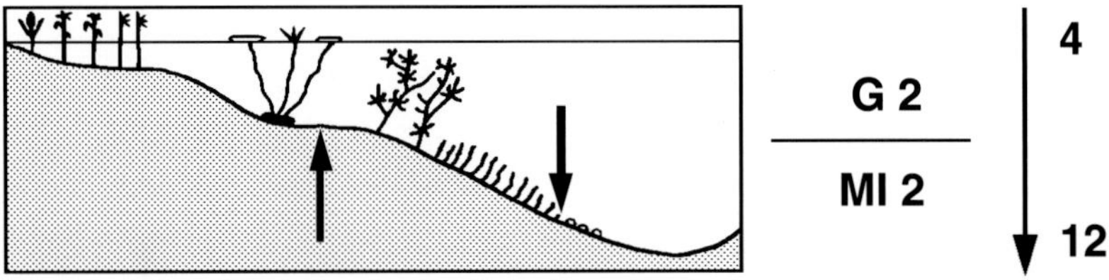

Vor allem in kalten Quell- und Bergseen kann man Reinbestände dieser Art finden und bereits von Land aus erkennen. Sie ist durch eine rötlichbraune Färbung an der Stengelspitze und durch strickseilartige Rindenzellen unverwechselbar. *Chara tomentosa* wird häufig von Kalk inkrustiert, so daß sich die Pflanze stachelig und rauh anfühlt. In vielen Gewässern bildet die Art die untere Vegetationsgrenze.

Chara strigosa

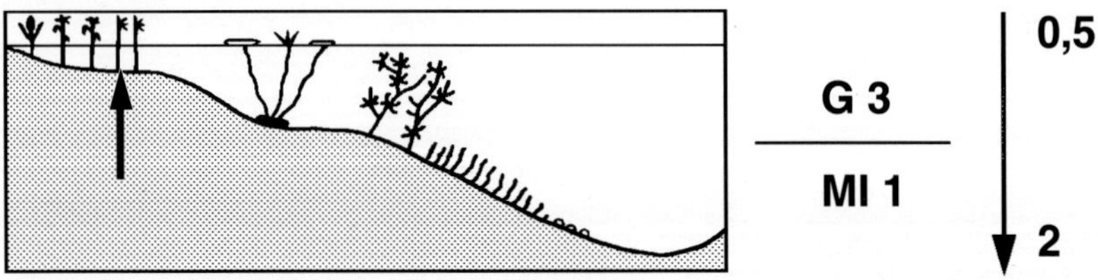

Diese Art des Flachwassers klarer und kalter Alpenseen besitzt eine sehr regelmäßige Gliederung in Stengelabschnitte und Quirläste. Die Algen erinnern deshalb an kleine Tannenbäume. Aus der Entfernung betrachtet, heben sich die dichten dunkelgrün gefärbten Polster dieser Alge deutlich von anderen Armleuchteralgen ab.

Chara tomentosa

Chara strigosa

ARMLEUCHTERALGEN - CHAROPHYCEAE

Nitella mucronata

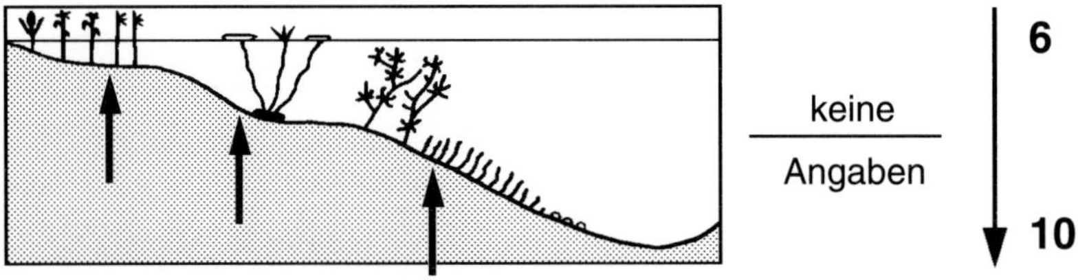

Häufige Art in Baggerseen der Oberrheinebene. Besiedelt auch Wiesengräben, Teiche und kleine Tümpel. Weithin sichtbares Merkmal sind die fruchttragenden, kopfig gedrängten Quirläste. *Nitella mucronata* besitzt eine gewisse Toleranz gegenüber Nährstoffbelastung.

Nitella tenuissima

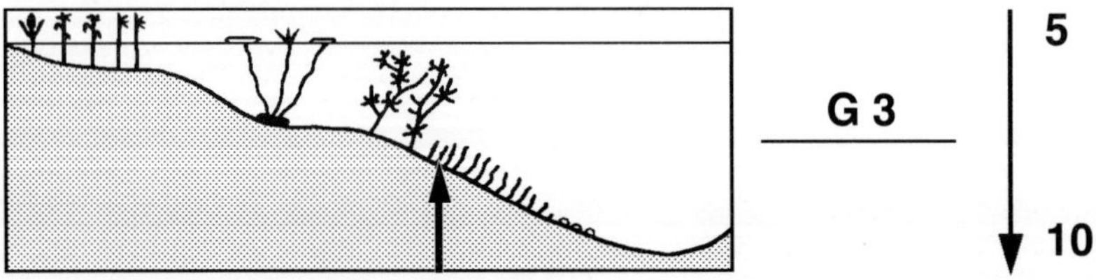

Wie kleine perlschnurartig verbundene Wattebäusche sehen die dem Grund aufliegenden Algenbestände aus. Bei genauer Betrachtung ist zu erkennen, daß es sich hierbei um die mehrfach gegabelten Quirläste handelt, die zu kleinen Kugeln verdichtet sind. Mäßig nährstoffbelastete Seen.

Nitella mucronata

Nitella tenuissima

ARMLEUCHTERALGEN - CHAROPHYCEAE

Nitella syncarpa

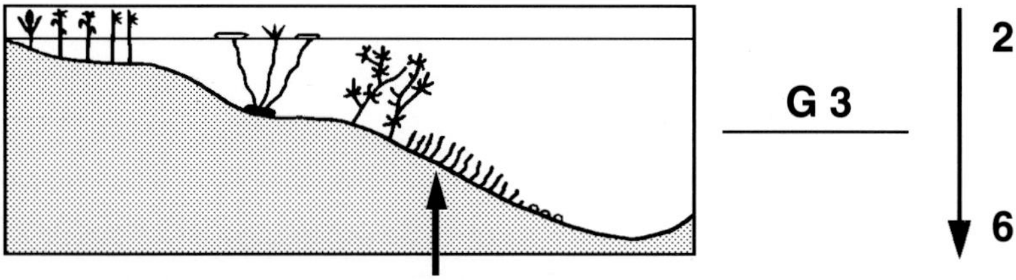

Hauptmerkmale sind die langen dünnen Quirläste und eine regelmäßige Bänderung durch zonenartige Kalkauflagerungen. Die Fortpflanzungsorgane werden von einer breiten Gallerthülle umgeben. Die Art ist in mäßig nährstoffbelasteten stehenden Gewässern weit verbreitet .

Sternarmleuchteralge - Nitellopsis obtusa

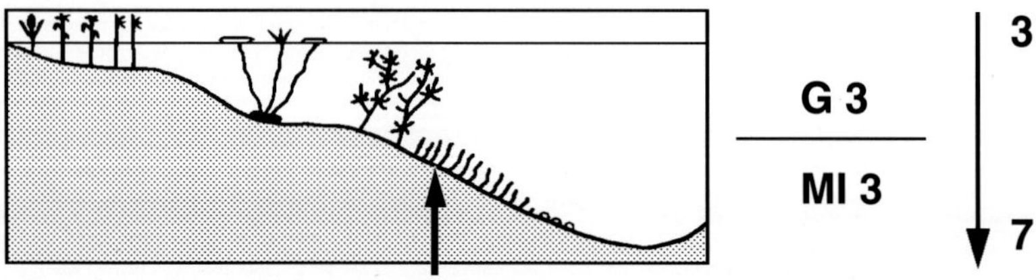

Diese Art verdankt ihren Namen den sternförmigen Stärkekörperchen an den Wurzelhaaren. Diese Reservestoffbehälter dienen der ungeschlechtlichen (vegetativen) Vermehrung. Der Stengel und die wenigen, gerade abstehenden Quirläste haben eine opal glänzende Färbung. In Baggerseen und Altarmen bildet die Sternarmleuchteralge in größeren Tiefen mächtige, bis zu1 m hohe Einartbestände.

Nitella syncarpa

Sternarmleuchteralge Nitellopsis obtusa

MOOSE - BRYOPHYTA

Im Gegensatz zu den Algen stellen Moose echte Landpflanzen dar. Unter dem Begriff Wassermoose faßt man Arten mit einer gewissen Bindung an Süßgewässer zusammen. Einigen Vertretern genügt eine zeitweilige Wasserberieselung an Bachrändern, andere leben völlig untergetauchten oder schwimmen an der Wasseroberfläche. Die Vermehrung erfolgt bei allen Moosen über Sporen, die häufig in bestimmten kapselartigen Gefäßen, den Sporangien, gebildet werden.

Gemeines Brunnenmoos - Fontinalis antipyretica

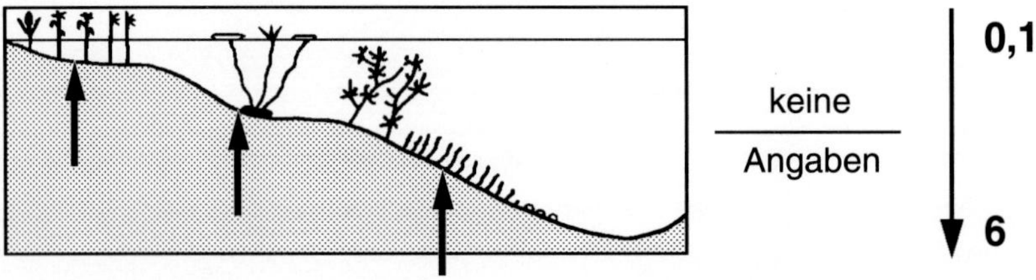

Im Querschnitt erscheint dieses weitverbreitete Wassermoos dreikantig, da die stark gekielten Blättchen in drei Reihen am Stengel sitzen. In Fließgewässern bildet es dunkelgrüne festsitzende Polster an Steinen. Stehende Gewässer werden seltener besiedelt. Hier deutet das Vorkommen des Brunnenmooses auf unterseeische Quellaustritte hin.

Torfmoose - Sphagnum sp.

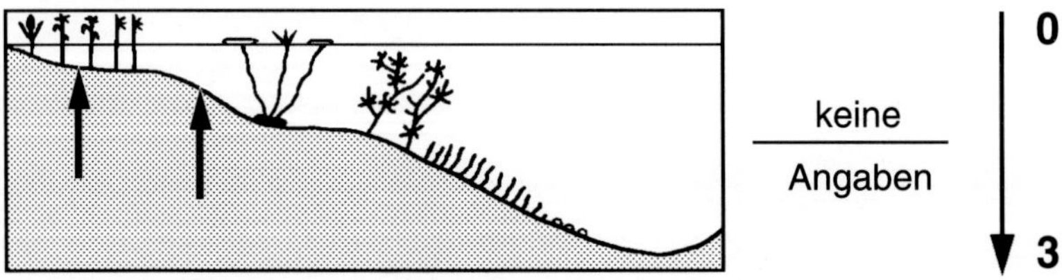

Die ca. 30 verschiedenen Torfmoos-Arten Mitteleuropas sind in den Hochmooren die wichtigsten Torfbildner. Ihre ökologische Bedeutung liegt in der Fähigkeit, das Wasser anzusäuern und damit den Lebensraum anderer Pflanzen und Tiere einzuschränken. Einige Arten können völlig untergetaucht in sauren Bergseen leben.

Gemeines Brunnenmoos   *Fontinalis antipyretica*

Torfmoose   *Sphagnum* sp.

FARNPFLANZEN - PTERIDOPHYTA

Die Farnpflanzen umfassen die ausgestorbenen Urfarne, die Bärlappgewächse, die Schachtelhalme und die echten Farne. Sie vermehren sich wie Moose durch Sporen, besitzen jedoch echte Wurzeln, Stamm und Blätter. Neben typischen Landpflanzen, wie den tropischen Baumfarnen, sind einige Arten zum Wasserleben übergegangen. Hierzu zählen die Wasserfarne, die durch Anpassung an das Medium Wasser allerlei Abänderungen der typischen Farngestalt erfahren haben. In Mitteleuropa erscheinen einige freischwimmende Vertreter, wie z.B. der Große Algenfarn.

Großer Algenfarn - Azolla filiculoides

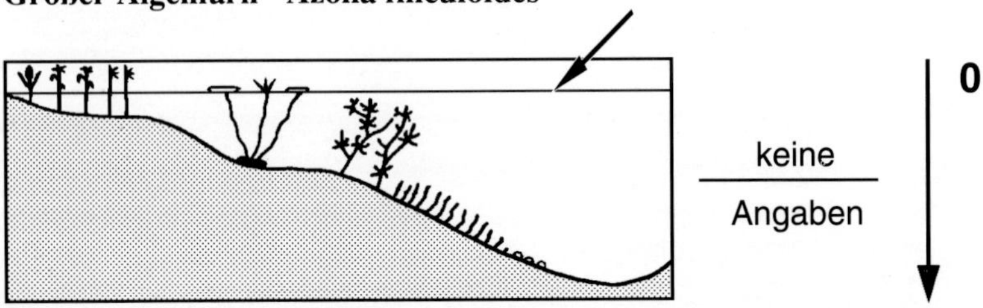

Algenfarne sind moosähnliche Schwimmpflanzen nährstoffreicher, warmer Altwässer. Durch Vögel wird diese häufig zusammen mit Wasserlinsen vergesellschaftete Art in benachbarte Seen verbreitet.

Sumpf-Schachtelhalm - Equisetum palustre
Sumpf-Eichenfarn - Telypteris palustris

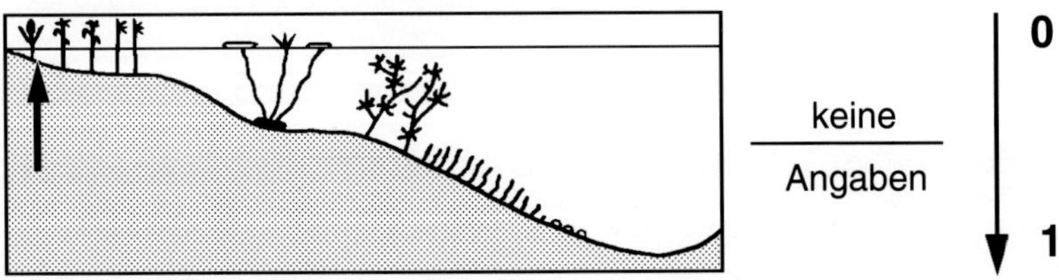

Merkmal aller Schachtelhalme ist die regelmäßige Gliederung des Stengels. An den Stengelknoten befindliche zahnartige Scheiden sind wichtige Unterscheidungs-merkmale der Arten. Diese Art besitzt weniger als 10 Scheidenzähne, während der ebenfalls im Wasser wachsende Teich-Schachtelhalm (*Equisetum fluviatile*) 13 - 30 Zähne hat.
Der Sumpf-Eichenfarn gehört zu den echten Farnen und gedeiht vorwiegend in Röhrichten und Seggenbeständen.

Großer Algenfarn Azolla filiculoides

Sumpf-Eichenfarn - Telypteris palustris

Sumpf-Schachtelhalm - Equisetum palustre

BLÜTENPFLANZEN

Die Mehrzahl unserer heimischen Ufer-, Schwimmblatt- und untergetauchten (submersen) Pflanzen sind Blütenpflanzen. Sie besitzen Wurzel, Sproßachse und Blätter und bilden zur Fortpflanzung Blüten aus. Die Vermehrung erfolgt über Samen. Pflanzen an und in Binnengewässern benötigen für die aquatische Lebensweise besondere Anpassungen an den schlammigen Untergrund, an Wellenschlag, Wind, wechselnde Wasserstände, Wasserdruck und Lichtmangel.

Uferpflanzen wurzeln oft in fäulnisgasreichen und sauerstoffarmen Schlammböden. Sie haben deshalb ein gut ausgebildetes Durchlüftungsgewebe, welches die Bodenatmung ersetzt. Den schädlichen Einflüssen des Windes und den häufig wechselnden Wasserständen widersetzen sich viele Arten durch Bildung biegsamer, binsenartiger Stengel oder durch die Fähigkeit, sowohl untergetaucht als auch auf dem Land leben zu können.

Schwimmblattpflanzen sind gewöhnlich fest verwurzelt (Ausnahme Wasserlinsen). Sie besitzen derbe, lederartige Blätter, die mechanische Belastung, wie Wellenschlag, überstehen und lange Blattstiele, die Wasserstandsschwankungen auffangen. Zahlreiche Luftkanäle der Blattstiele ermöglichen die Atmung der Rhizome, die oft auf sauerstoffarmem Faulschlamm wurzeln. Die Blüten sind generell dem Luftleben angepaßt und müssen zur Bestäubung durch Insekten über die Wasseroberfläche geschoben werden. Wasserlinsen vermehren sich hauptsächlich durch Sprossung.

Pflanzen der Tauchzone haben weiche, unverholzte Körper, da der sie umgebende Wasserkörper als Stütze wirkt. Nährstoffe und Gase werden direkt dem Wasser entzogen und über die durchlässige Oberhaut der Blätter aufgenommen. Erleichtert wird dieser Transport durch eine enorme Oberflächenvergrößerung, die durch Bildung von bandartigen oder haarförmig gefiederten Blättern erreicht wird. Die Gestalt bewirkt gleichzeitig eine gesteigerte Lichtausbeute. Innerhalb der Gruppe der untergetauchten Pflanzen besteht die Tendenz, eine Unabhängigkeit von der Insektenbestäubung zu erlangen. Neben einigen windblütigen Arten (Tausendblatt), wird bei vielen der Pollen durch das Wasser übertragen. Die Blüten sind oft unscheinbar klein und stark rückgebildet. Besondere Bedeutung erlangt die ungeschlechtliche Vermehrung: Zerschneidet man eine Wasserpest in kleine Sproßstücke, können diese austreiben und neu bewurzeln. Einige Pflanzen bilden in großer Anzahl sogenannte Winterknospen. Es handelt sich hierbei um gestauchte, stärkehaltige Sproßabschnitte, die im Spätsommer gebildet werden und im Herbst von der "Mutterpflanze" abfallen. Am Gewässergrund können sie den Winter überdauern und im nächsten Frühjahr austreiben.

Dichte Wasserpflanzenbestände sind ein wichtiger Schutzraum für Fische und andere Tiere.
➞

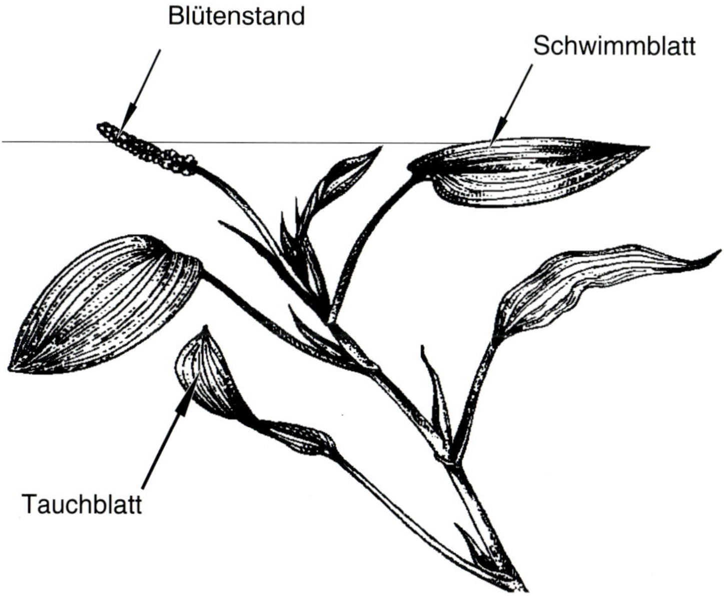
Blütenstand
Schwimmblatt
Tauchblatt

SEEROSENGEWÄCHSE - NYMPHAEACEAE

Gelbe Teichrose - Nuphar lutea

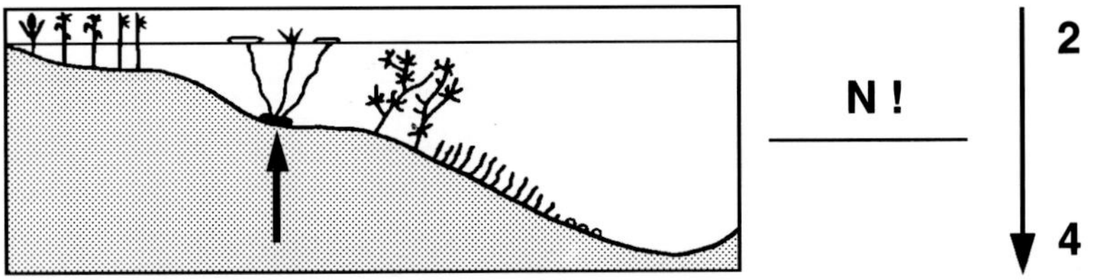

Herz-eiförmige, große Schwimmblätter und dottergelbe Blüten sind weithin sichtbare Erkennungsmerkmale der häufigsten Schwimmblattpflanze. Weniger bekannt ist die völlig untergetauchte Wuchsform, in der lediglich salatartige Unterwasserblätter ausgebildet werden. Damit kann sie in größeren Wassertiefen weite Flächen bedecken. Wie alle Seerosengewächse kriecht die Pflanze mit einem armdicken Wurzelsproß (Rhizom) am Grund stehender oder langsam fließender Gewässer entlang. Die Art bevorzugt Stillwasserzonen mit lockerem, nährstoffreichem Grund.

Weiße Seerose - Nymphaea alba

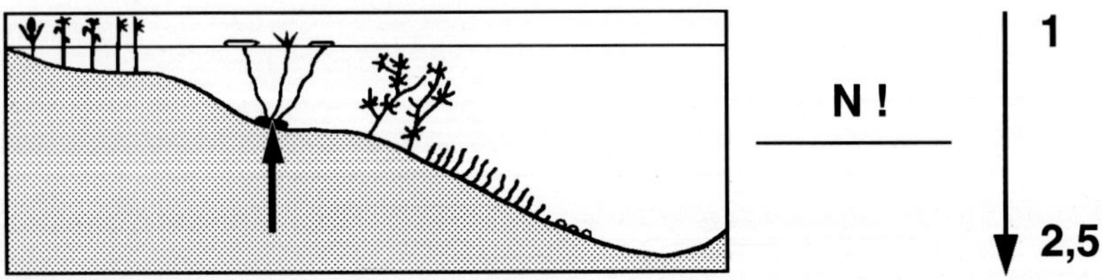

Die Schwimmblätter sind lederartig und unterseits auffällig braunrot gefärbt. Die Seerose besitzt im Unterschied zur Gelben Teichrose lediglich unscheinbare, kleine Unterwasserblätter. Merkmal sind die bis zu 10 cm breiten Blüten, deren weiße Kronblätter spiralig angeordnet sind, nach innen allmählich kleiner werden und in Staubgefäße übergehen. Die Standortansprüche ähneln denen der Gelben Teichrose. Durch zunehmenden Erholungsbetrieb gefährdet (Abreißen der Stengel).

Gelbe Teichrose Nuphar lutea

Weiße Seerose Nymphaea alba

HORNBLATTGEWÄCHSE - CERATOPHYLLACEAE

Rauhes Hornblatt - Ceratophyllum demersum

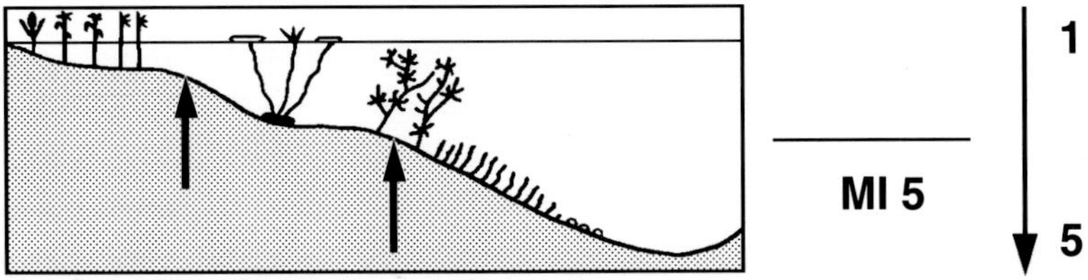

Diese völlig untergetauchte, wurzellose Wasserpflanze ist eine Charakterart eutrophierter stehender Gewässer. Die Pflanze vermag in nährstoffreichen Flachgewässern Massenbestände bilden und andere Arten völlig zurückdrängen. Die Blätter sind quirlig am Stengel angeordnete, 1 - 2fach gabelig geteilt und scharf gezähnt. Sie fühlen sich deshab rauh und stachelig an.

Glattes Hornblatt - Ceratophyllum submersum

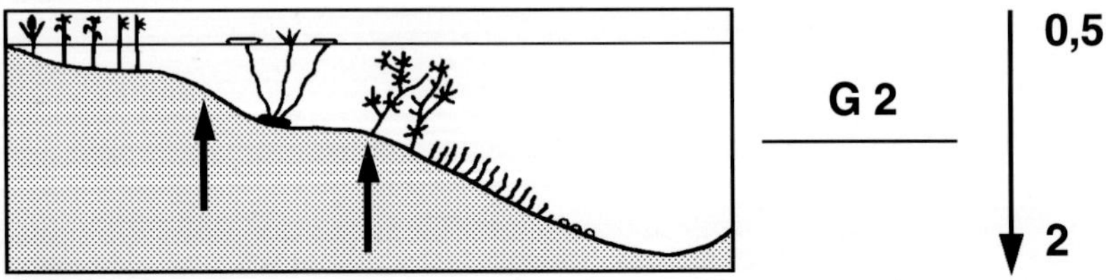

Diese Art erinnert im Aussehen sehr stark an das Rauhe Hornblatt, ist aber an seinen zarten, sich weich anfühlenden und nahezu ungezähnten Blättern zu erkennen. Bei genauer Betrachtung erkennt man, daß die Blätter 3 - 4fach gabelig geteilt sind. Das Glatte Hornblatt ist eine selten gewordene Unterwasserpflanze flacher stehender, meist nährstoffreicher Gewässer. Die Pflanze ist sehr wärmebedürftig und wird durch milde Winter und warme Sommer gefördert.

Rauhes Hornblatt Ceratophyllum demersum

Glattes Hornblatt Ceratophyllum submersum

HAHNENFUSSGEWÄCHSE - RANUNCULACEAE

Spreizender Hahnenfuß - Ranunculus circinatus

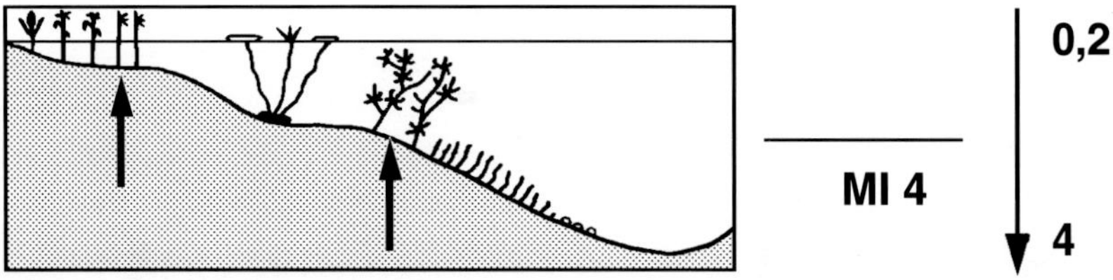

Die Blätter sind 1 - 2 cm lang, am Grund dreiteilig, dann mehrfach gegabelt. Die borstenförmigen Blattzipfel sind in einer Ebene gespreizt. Wichtiges Merkmal: Beim Herausnehmen aus dem Wasser fallen die Blattzipfel nicht pinselförmig zusammen. Die an der Wasseroberfläche schwimmenden Blüten besitzen fünf weiße Kronblätter. Häufig in nährstoffbelasteten Baggerseen, Altwassern und Gräben.

Haarblättriger Hahnenfuß - Ranunculus trichophyllus

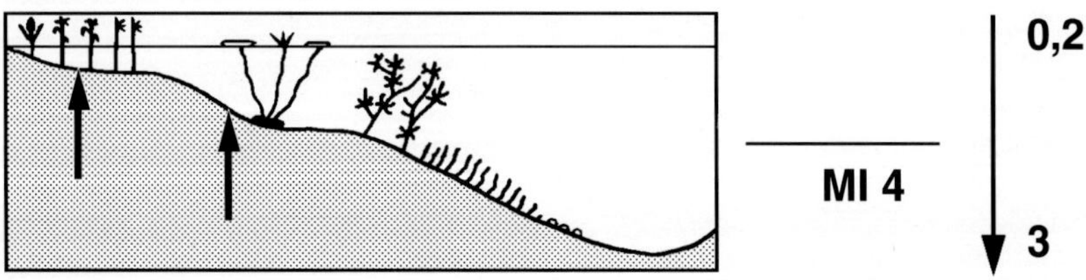

Ähnelt dem Spreizenden Hahnenfuß. Die Blätter sind haarförmig zerteilt und fallen außerhalb des Wassers pinselförmig zusammen. Die Blattzipfel befinden sich nicht in einer Ebene. Die Blüten sind kleiner, ebenfalls weiß und werden teilweise unter Wasser geöffnet. Nährstoffreiche stehende oder langsam fließende Gewässer.

Spreizender Hahnenfuß Ranunculus circinatus

Haarblättriger Hahnenfuß Ranunculus trichophyllus

BLUTWEIDERICHGEWÄCHSE - LYTHRACEAE

Blutweiderich - Lythrum salicaria

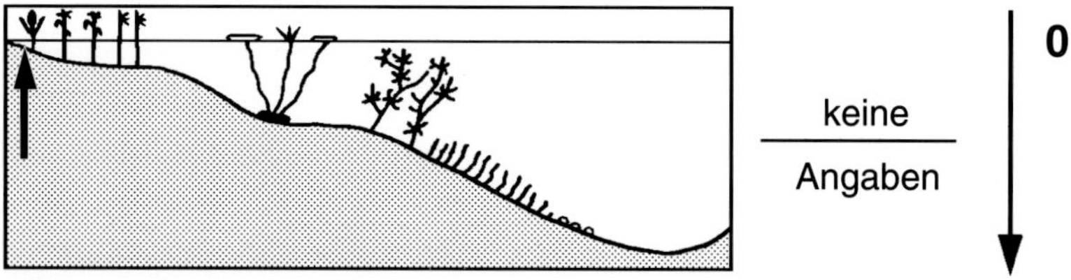

Uferpflanze mit auffällig purpurrot gefärbten Blütenständen und gegenständigen Blättern. Besonderheit ist die Ausbildung verschiedener Blütentypen, die sich an verschiedenen Pflanzen befinden: Es gibt Blüten mit langen Griffeln und kurzen Staubgefäßen, mit kurzen Griffeln und langen Staubgefäßen und mit mittellangen Griffeln und kurzen und langen Staubgefäßen. Die Befruchtung kann nur erfolgen, wenn der Pollen eines Staubgefäßes auf eine Narbe mit gleicher Höhe gelangt.

WASSERNUSSGEWÄCHSE - TRAPACEAE

Wassernuß - Trapa natans

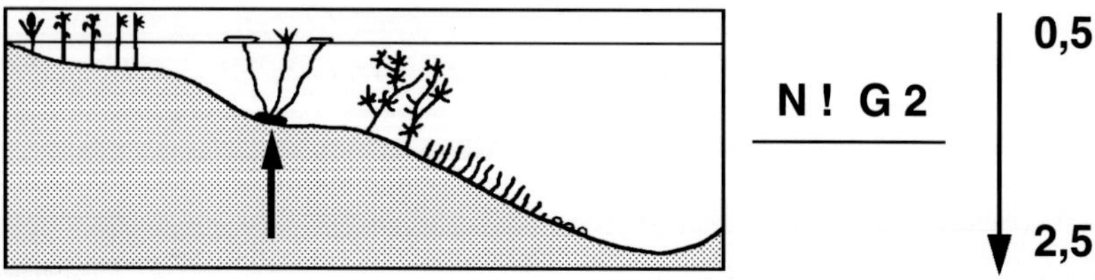

Die Wassernuß zählt zu den stark bedrohten und fast nur noch im Oberrheingebiet vorkommenden Schwimmpflanzen. Sie besitzt einen im Schlamm verwurzelten Stengel mit früh absterbenden Unterwasserblättern. Am Sproßgipfel befinden sich zu einer Rosette angeordnete rautenförmige, gezähnte, bräunlichrot gefärbte Schwimmblätter. Die Blattstiele werden durch Luftkammern verdickt. In den Achseln der Schwimmblätter befinden sitzen Blüten mit vier weißen Kronblättern und vier Kelchblättern, die zur Reifezeit zu "Dornen" verhärten und der Verankerung der Frucht (Nuß) im Schlamm dienen.

Blutweiderich Lythrum salicaria

Wassernuß Trapa natans

SEEBEERENGEWÄCHSE - HALORAGACEAE

Ähriges Tausendblatt - Myriophyllum spicatum

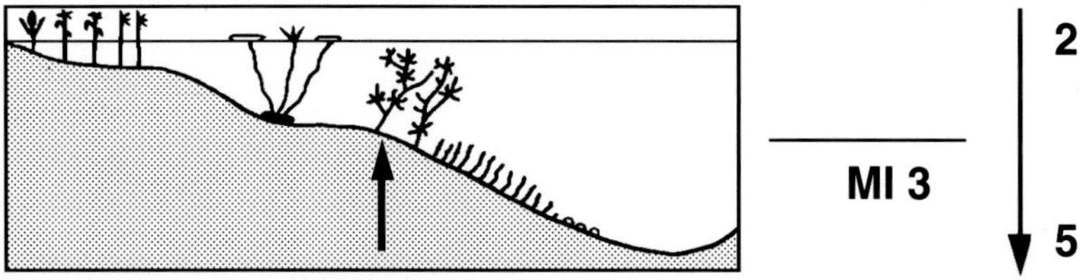

Die völlig untergetaucht lebende Art ist in weiten Bereichen Mitteleuropas die Charakterpflanze vieler Baggerseen und Kiesgruben. Dies liegt einerseits an ihrer Pioniereigenschaft bei der Besiedlung neu geschaffener Gewässer, andererseits an ihrer hohen Konkurrenzkraft gegenüber anderen Wasserpflanzen. Die Art besitzt kammförmig gefiederte Blätter in vierzähligen Quirlen und kleine rosafarbene Blüten in endständigen Ähren. Das Ährige Tausendblatt bevorzugt mäßig nährstoffbelastete, größere stehende Gewässer.

Quirlblättriges Tausendblatt - Myriophyllum verticillatum

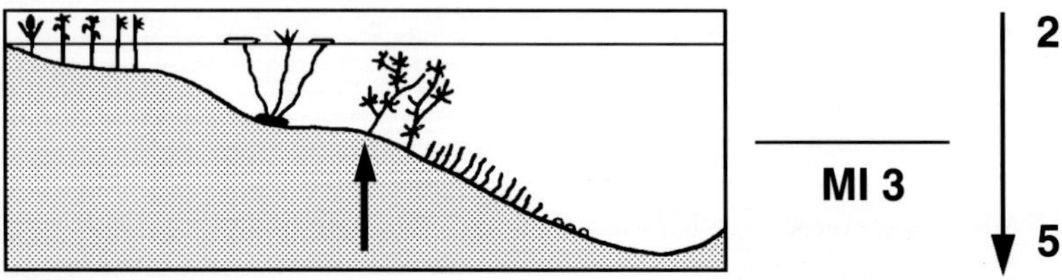

Im Unterschied zum Ährigen Tausendblatt ist der Stengel grünlich bis gelblich gefärbt, die Blätter sind in fünfzähligen Quirlen angeordnet und die Stengelabschnitte zwischen den Blattquirlen sind kürzer, so daß eine buschige Form entsteht. Diese Art ist in stehenden, mäßig belasteten bis nährstoffreichen Gewässern häufig anzutreffen und benötigt zum Wachstum gelöstes Kohlendioxid. Vorkommen zeigen deshalb Grundwasserzutritte an.

Ähriges Tausendblatt Myriophyllum spicatum

Quirlblättriges Tausendblatt Myriophyllum verticillatum

KREUZBLÜTENGEWÄCHSE - BRASSICACEAE

Echte Brunnenkresse - Nasturtium officinale

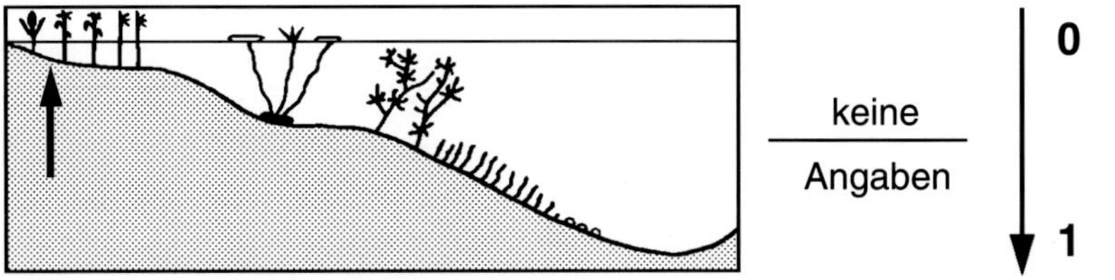

In Quellen, Gräben und Bächen, seltener auch in sauberen und klaren stehenden Gewässern der Mittelgebirge und Alpen, erscheint diese bekannte Heilpflanze. Der Preßsaft wirkt blutreinigend und bei Husten schleimlösend. Die unpaarig gefiederten Blätter und der Stengel schmecken rettichartig und werden vor der Blüte als Salat genutzt. Die Brunnenkresse ist durch Gewässerverschmutzung gefährdet.

DOLDENGEWÄCHSE - APIACEAE

Wasserfenchel - Oenanthe aquatica

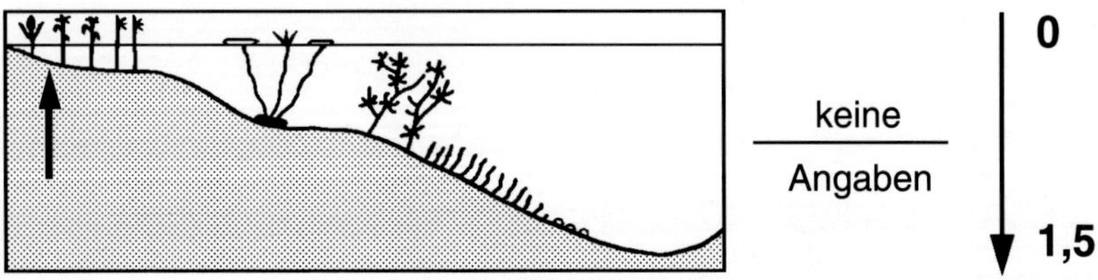

Weißblühendes, krautiges Ufergewächs mit auffällig armdicken Stengeln. Überwasserblätter 2 - 3fach gefiedert, Unterwasserblätter 3 - 5fach gefiedert mit fadenförmigen, haarartigen Blattzipfeln. Die Unterwasserblätter sind weitausladend und von dreieckigem Umriß. Der Wasserfenchel bevorzugt nährstoffreiche Gewässer mit schwankendem Wasserstand.

Echte Brunnenkresse Nasturtium officinale Insert: untergetauchte Wuchsform

Wasserfenchel Oenanthe aquatica

PRIMELGEWÄCHSE - PRIMULACEAE

Pfennigkraut - Lysimachia nummularia

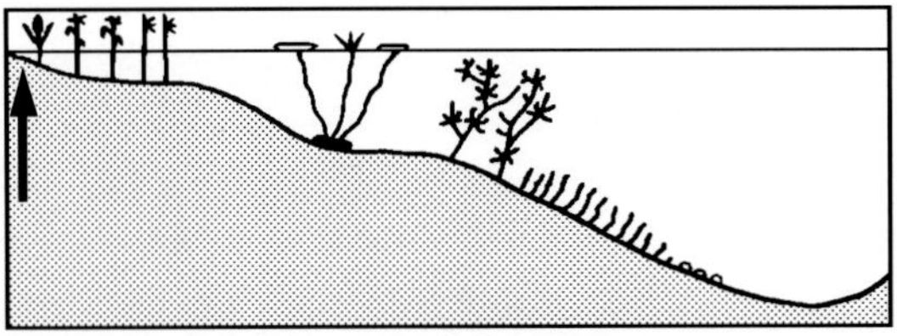

keine
Angaben

0

Die Form der Blätter erinnert an Münzen (latein. nummus = Münze). Die Pflanze kriecht mit dem Stengel am Boden und bildet gegenständige, kurzgestielte Blätter aus. Aus den Blattachseln entspringen die zitronengelben Blüten. Das Pfennigkraut ist häufig an Gewässerufer, Gräben, Auwälder und feuchte Wiesen gebunden. Eine verwandte Art ist der Gemeine Gilbweiderich (*Lysimachia vulgaris*), der einen bis zu 130 cm hohen aufrechten Stengel besitzt und in Röhrichten wächst.

Wasserfeder - Hottonia palustris

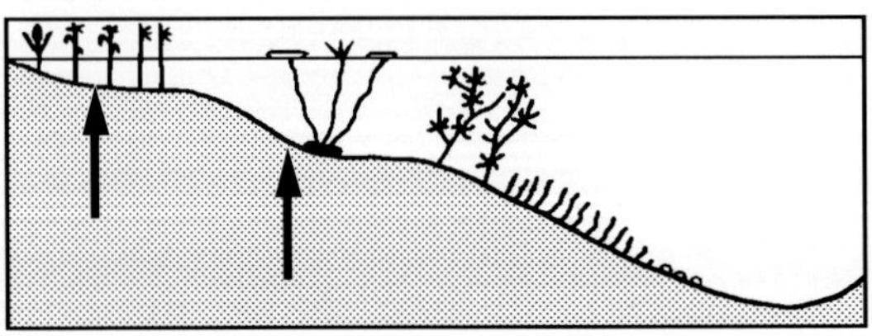

N ! G 3

0,5

2

Die hellgrünen Blätter sind quirlig angeordnet, tief fiederteilig (kammartig) mit 10 - 40 schmalen Blattzipfeln. Zwischen Mai und Juli erscheinen bis zu 30 cm lange Trauben weißer bis rosa gefärbter Blüten über der Wasseroberfläche (seltener auch unter Wasser). Die Wasserfeder bildet dichte Polster in stehenden oder langsam fließenden Gewässern. Häufig im norddeutschen Flachland, seltener in Süddeutschland im Bereich flußbegleitender Auengewässer.

Pfennigkraut *Lysimachia nummularia* Insert: Gemeine Gilbweiderich *L. vulgaris*

Wasserfeder *Hottonia palustris*

KNÖTERICHGEWÄCHSE - POLYGONACEAE

Wasser-Knöterich - Polygonum amphibium

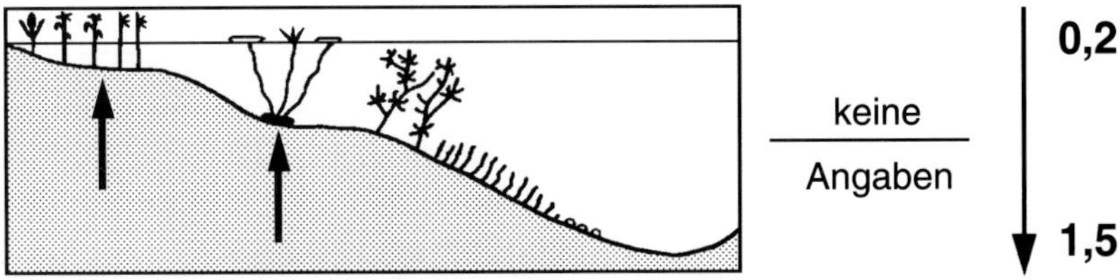

Die Schwimmblätter sind lang-lanzettlich gestielt. Zwischen diesen erheben sich rosa, walzenförmige Scheinähren über die Wasseroberfläche. Der Wasserknöterich ist unempfindlich gegenüber dem Austrocknen des Gewässers. Er kann in eine Landform übergehen, die durch kurze Stengelglieder und schmale, behaarte Blätter gekennzeichnet ist. Häufige Schwimmblattpflanze an stehenden (Kiesgruben, Fischteiche) und langsam fließenden, nährstoffreichen Gewässern.

FIEBERKLEEGEWÄCHSE - MENYANTHACEAE

Seekanne - Nymphoides peltata

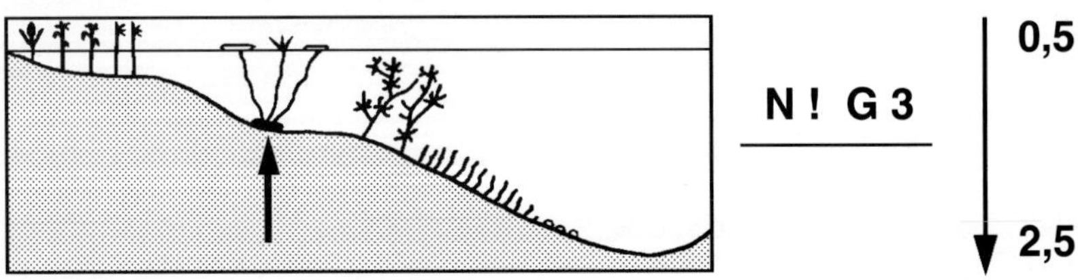

Die Art erinnert im Erscheinungsbild an die Gelbe Teichrose. Die Schwimmblätter sind allerdings kleiner (8 cm), fast kreisrund und tief herzförmig eingeschnitten. Die trichterförmigen Blüten besitzen eine goldgelbe Krone mit fünf gewimperten Zipfeln. Unter Wasser fallen die korkenzieherartig gewundenen Blattstiele auf. Die Seekanne ist eine typische Altwasserpflanze (Oberrhein), die auch häufig in Baggerseen zu finden ist.

Wasser-Knöterich Polygonum amphibium

Seekanne Nymphoides peltata

NACHTSCHATTENGEWÄCHSE - SOLANACEAE

Bittersüßer Nachtschatten - Solanum dulcamara

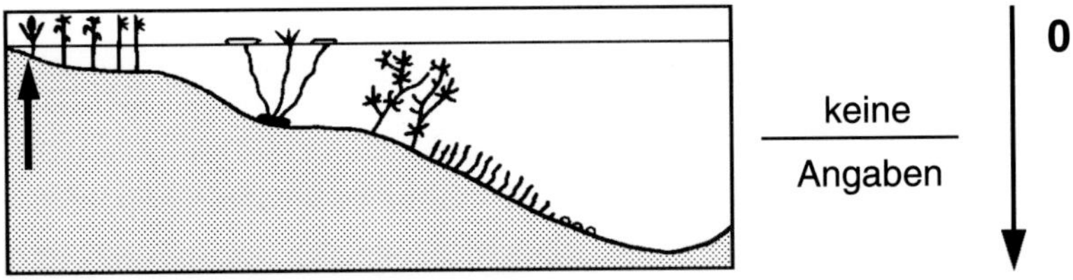

Dieser bis zu 2 m hohe, kletternde Halbstrauch fällt durch seine violetten Blüten und scharlachroten Beeren auf. Die 5 Zipfel der Blütenkrone werden später zurückgebogen. Die Staubblätter sind zu einem Kegel zusammengeneigt. Der Nachtschatten ist eine häufige Arzneipflanze, der vor allem im Ufergebüsch und Röhricht stehender und langsam fließender Gewässer vorkommt.

BRAUNWURZGEWÄCHSE - SCROPHULARIACEAE

Gauchheil-Ehrenpreis - Veronica anagallis-aquatica

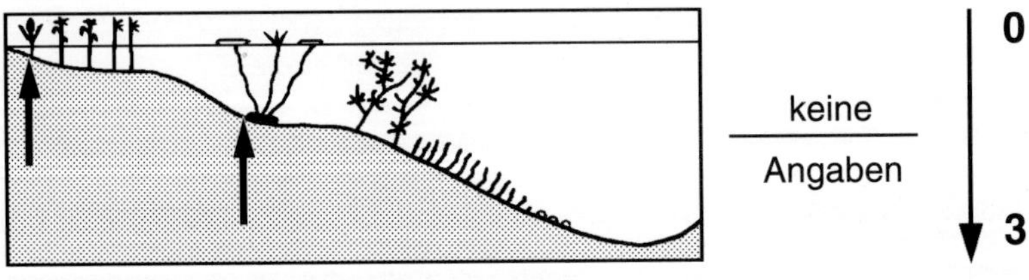

Diese Sumpfpflanze ist vor allem im Bachröhricht beheimatet, wächst gelegentlich aber auch im Schilfröhricht stehender Gewässer. In jüngster Zeit konnte eine Vorliebe für Uferränder von Kiesgruben beobachtet werden. Weniger bekannt ist bisher, daß diese Art auch völlig untergetauchte Massenbestände bildet. Die gegenständigen Blätter besitzen bei der untergetauchten Form eine auffällige zartrosa Färbung. Die blaßlila bis weißen Blüten, in blattachselständigen Trauben, werden nur über Wasser ausgebildet.

Bittersüßer Nachtschatten — *Solanum dulcamara*

69

Gauchheil-Ehrenpreis — *Veronica anagallis-aquatica* — Insert: Blütenstand

WASSERSCHLAUCHGEWÄCHSE - LENTIBULARIACEAE

Arten der Gattung Utricularia aus der Familie der tierfangenden Wasserschlauchgewächse besitzen ein interessantes Beutefangsystem. An den Blättern befinden sich Fangblasen, in denen ein Unterdruck vorherrscht. Diese Schläuche tragen zwei sinneshaarartige Borsten und werden von einer Klappe verschlossen. Berührt ein Beutetier die Borsten, öffnet sich die Klappe. Durch den Unterdruck in der Fangblase wird die Beute eingesaugt und anschließend mittels eiweißlösender Enzyme verdaut. Auf diese Weise decken die Pflanzen ihren Stickstoffbedarf. Diese Ernährungsweise ermöglicht es ihnen, in nährstoffarmen Quell- und Moorgewässer zu überleben.

Südlicher Wasserschlauch - Utricularia australis

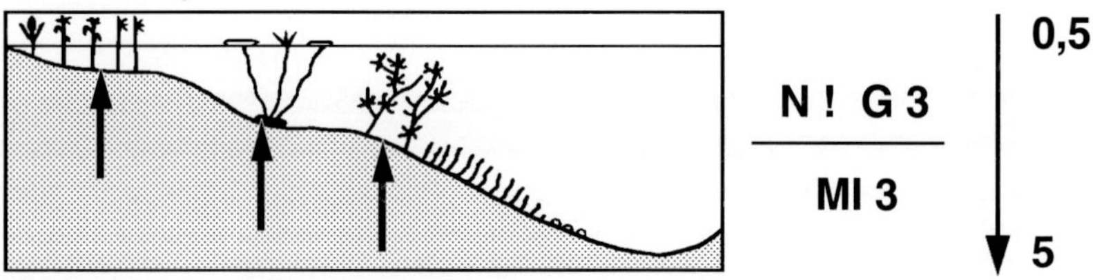

Die Art gehört den untergetauchten Wasserschwebern an, die weder Wurzeln noch Schlammsprosse ausbilden, häufig an anderen Pflanzen verhakt vorkommt oder einfach dem Grund aufliegt. Sie besitzt gelbe Blüten in lockeren, bis zu 60 cm hohen Trauben. Die Blütenkrone ist zweilippig, wobei die Unterlippe dieser Art tellerartig ausgebreitet ist. Bei dem ähnlichen aber seltenen Gewöhnlichen Wasserschlauch (*Utricularia vulgaris*) ist die Unterlippe sattelartig geformt. Der Südliche Wasserschlauch blüht sowohl über als auch unter Wasser, eine Fruchtbildung erfolgt in Mitteleuropa nicht. Die Art findet man häufig in Voralpenseen, Kiesgruben, Teichen und Altwassern.

Südlicher Wasserschlauch Utricularia australis Insert: Blüte von U. austalis (r.o.) und U. vulgaris (r.u.) ➡

WASSERSCHLAUCHGEWÄCHSE - LENTIBULARIACEAE

Kleiner Wasserschlauch - Utricularia minor

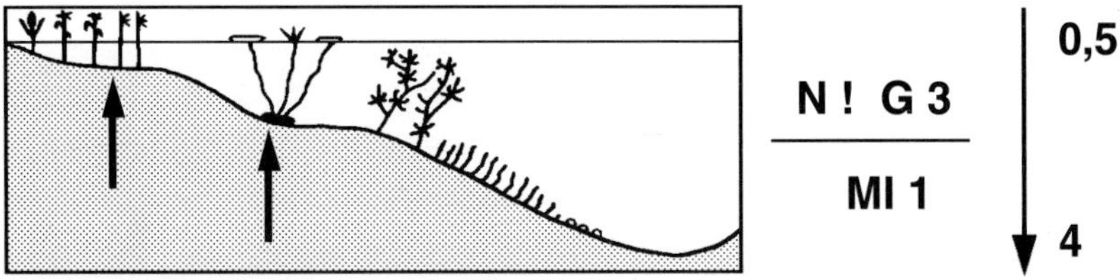

Sehr zarte, durch bleiche Sprosse im Schlamm verankerte Pflanze. Die Blüten sind klein, blaßgelb und zu 2 - 5 in lockeren Trauben angeordnet. Die Oberlippe ist etwa so lang wie der Gaumen, die Unterlippe länglich und fast doppelt so lang wie der Gaumen. Der Kleine Wasserschlauch ist eine typische Moorpflanze, die auch in klaren Quellgewässern vorkommt. Empfindlich gegen Gewässerverunreinigung.

Blaßgelber Wasserschlauch - Utricularia ochroleuca

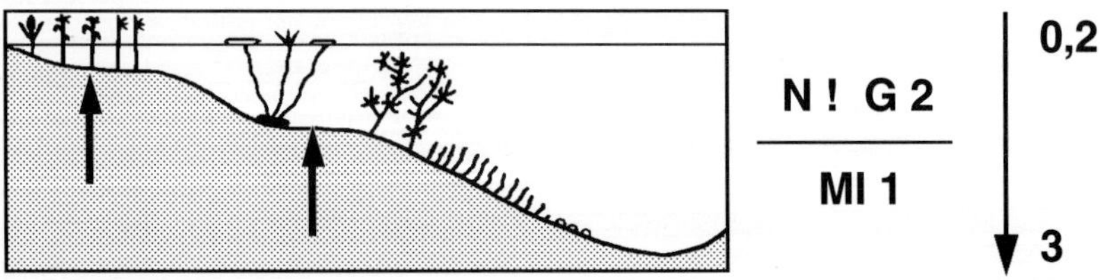

Der Stengel ist dicht mit fein geschlitzten Blättern besetzt, die nur wenige Fangschläuche tragen. Diese befinden sich vor allem an den bleichen, fädigen Schlammsprossen, mit denen sich die Art im Gewässergrund verankert. Die Sprosse kriechen am Grund und richten sich mit ihrer Spitze auf. Die Sproßpitze ist kugelig verdichtet und gelb gefärbt. Der Blaßgelbe Wasserschlauch benötigt nährstoffarmes Wasser.

Kleiner Wasserschlauch Utricularia minor

Blaßgelber Wasserschlauch Utricularia ochroleuca

TANNENWEDELGEWÄCHSE - HIPPURIDACEAE

Tannenwedel - Hippuris vulgaris

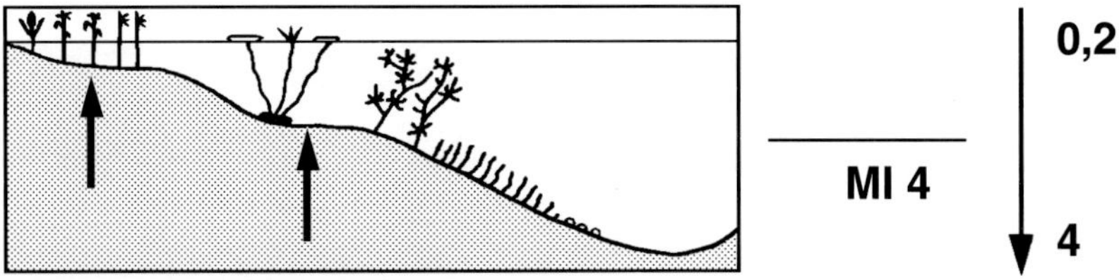

Weitverbreitete Wasserpflanze mit kriechendem Rhizom, an dem bis zu 2 m lange Unterwassersprosse entspringen. Die schmalen, schlaffen Unterwasserblätter sind zu 8 - 12zähligen Wirteln angeordnet. Zur Blütezeit wachsen die Sprosse über die Wasseroberfläche und nehmen eine schachtelhalmartige Gestalt an, bei der die Blätter dicker und kürzer sind und deutlich vom Sproß abstehen. Der Tannenwedel siedelt in unterschiedlichen Gewässertypen, wie Altwassern, Baggerseen, Quellabflüssen und Bergseen. Vorkommen deuten auf kalkreiche Grundwasserzuflüsse hin. Nährstoffbedürftig.

LIPPENBLÜTENGEWÄCHSE - LAMIACEAE

Wasserminze - Mentha aquatica

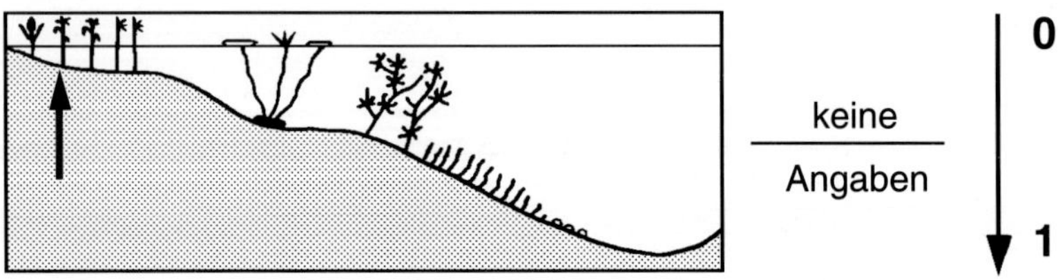

Starker Pfefferminzgeruch kennzeichnet diese Uferpflanze, die mit oberirdischen Ausläufern auch das Flachwasser besiedelt. Die Sprosse sind oft rotviolett, die untergetauchten hingegen hellgrün gefärbt. Die violetten Blüten sind zu entständigen, rundlichen Köpfchen zusammengeschlossen.

Tannenwedel Hippuris vulgaris

Wasserminze Mentha aquatica Insert: untergetauchte Wuchsform

WASSERSTERNGEWÄCHSE - CALLITRICHACEAE

Wasserstern - Callitriche sp.

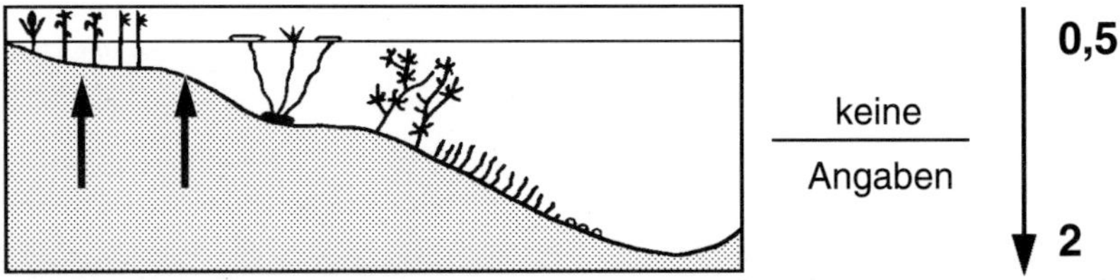

Eine sichere Unterscheidung der sieben Arten ist nur mittels der winzigen Früchte möglich und deshalb mit bloßem Auge schwierig. Allen gemein ist der Besitz gegenständiger Schwimm- und Unterwasserblätter. Die spatelförmigen Schwimmblätter sind in einer Rosette angeordnet, während die Tauchblätter in deutlichen Abständen am Stengel sitzen. In Bächen und Gräben beobachtet man häufig dichte, hellgrüne Polster. In stehenden Gewässern wachsen die Arten dagegen in Form eines aufgelockerten Rasens, häufig ohne Ausbildung von Schwimmblättern.

FROSCHLÖFFELGEWÄCHSE - ALISMATACEAE

Gemeiner Froschlöffel - Alisma plantago-aquatica

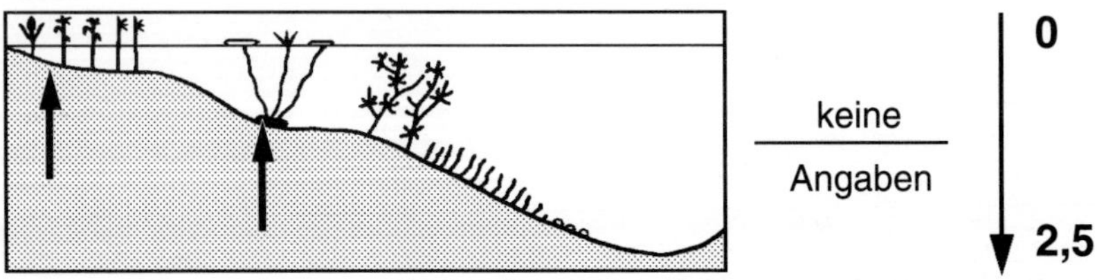

Die Vertreter der Froschlöffelgewächse neigen dazu, je nach Wassertiefe, unterschiedliche Blattformen auszubilden. Die Abbildung zeigt den Gemeinen Froschlöffel in der typischen Uferform mit langgestielten löffelförmigen Blättern und einer großen Rispe mit blaßrosa Blüten. In der untergetauchten Form besitzt er lange, bandförmige Blätter mit einer spatelartig verbreiterten Spitze.

Wasserstern Callitriche sp.

Gemeiner Froschlöffel Alisma plantago-aquatica Insert: Blütenstand

FROSCHLÖFFELGEWÄCHSE - ALISMATACEAE

Pfeilkraut - Sagittaria sagittifolia

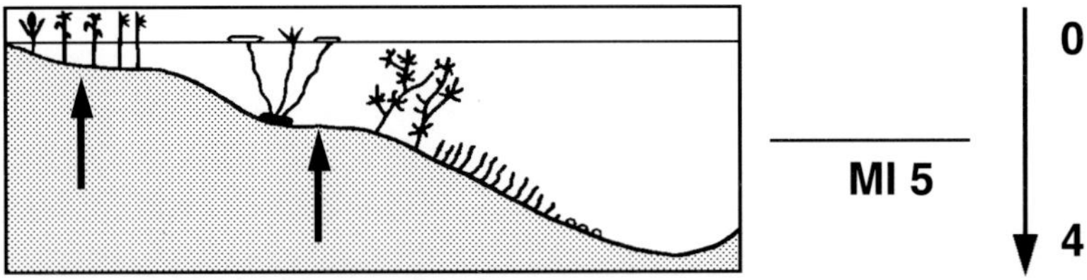

Dem Taucher zeigt sich diese Sumpfpflanze in ihrer völlig andersartigen Unterwasserform mit breiten, bandartigen Blättern. Namengebend sind die pfeilförmigen, langgestielten Überwasserblätter. Die Blüten ordnen sich quirlig an einem dreikantigen Stengel an, wobei die unteren Quirle weibliche, die oberen Quirle männliche Blüten tragen. Stellenweise werden die weißen Blüten bereits unter Wasser geöffnet. Das Pfeilkraut ist ein guter Nährstoffindikator in stehenden und langsam fließenden Gewässern.

WASSERLIESCHGEWÄCHSE - BUTOMACEAE

Schwanenblume - Butomus umbellatus

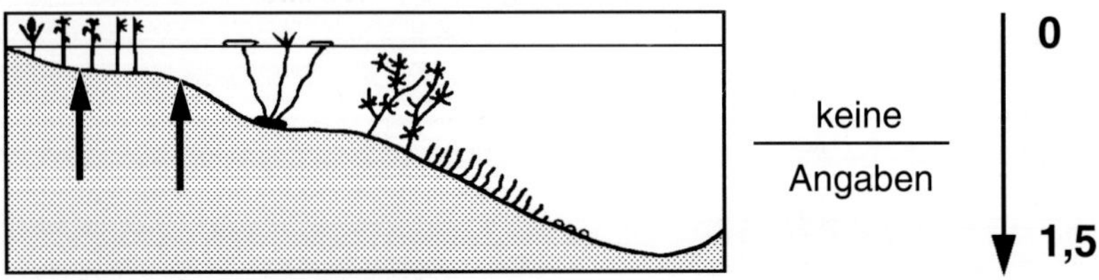

Gewöhnlich am Ufer stehender und langsam fließender Gewässer vorkommend, vermag die Schwanenblume auch völlig untergetaucht zu leben. Dann bildet sie nicht den auffälligen Blütenstand aus, sondern nur die im Querschnitt dreikantigen Blätter.

Pfeilkraut *Sagittaria sagittifolia* Insert: Blüte und typisches Pfeilblatt

Schwanenblume *Butomus umbellatus*

FROSCHBISSGEWÄCHSE - HYDROCHARITACEAE

Kanadische Wasserpest - Elodea canadensis

Nuttalls Wasserpest - Elodea nuttallii

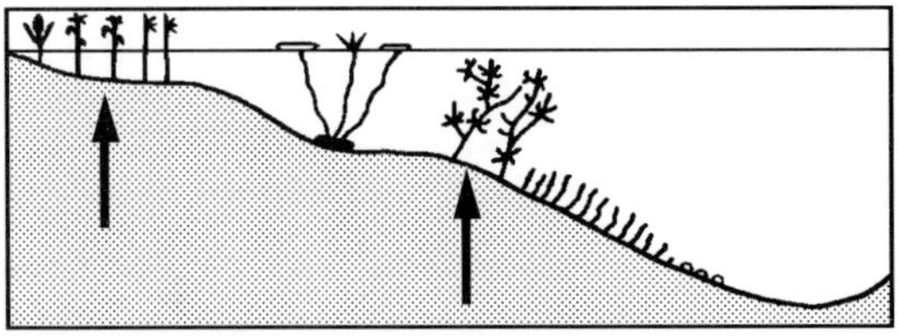

MI 4

0,5

6

Die Kanadische Wasserpest wurde vor etwa 150 Jahren aus Nordamerika nach Europa eingeschleppt. Interessanterweise findet man jedoch nur weibliche Individuen, so daß die Vermehrung nur vegetativ durch Sproßbruchstücke möglich ist. Die Blätter sind in dreizähligen Quirlen angeordnet, länglich-oval bis lanzettlich. Die weiblichen Blüten befinden sich auf langen Stielen, die zur Wasseroberfläche wachsen. Massenvorkommen dieser Art deuten auf Verunreinigungen hin. Nuttalls Wasserpest wurde erst in jüngster Zeit aus gemäßigten Breiten Nordamerikas eingeschleppt. Durch ihre starke Konkurrenzkraft breitet sie sich stark aus und verdrängt stellenweise die verwandte Kanadische Wasserpest. Im Unterschied zu dieser, sind die Blätter sehr schmal und korkenzieherartig gewunden. Die Art hat ähnliche Nährstoffansprüche wie die Kanadische Wasserpest. Man findet sie besonders häufig in Kiesgruben (Oberrheinebene, norddeutsches Flachland) Gräben und Altwassern.

Krebsschere - Stratiotes aloides

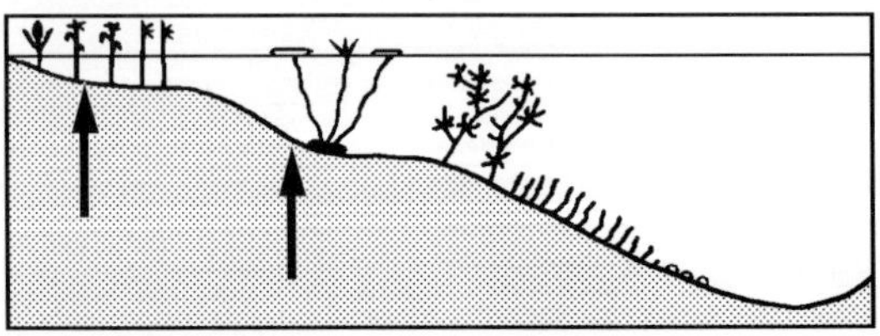

N ! G 3

0,5

3

An einer dicken Achse sitzen schwertförmige, stachelig gesägte, zu einer trichterförmigen Rosette angeordnete Blätter. Die Pflanzen sind zweihäusig. Ihre Blüten bestehen aus drei grünen Kelchblättern und drei weißen, am Grund gelben Kronblättern. Die Krebsschere vollzieht im Verlauf der Vegetationsperiode Vertikalwanderungen. Den Winter überdauert sie am Gewässergrund. Im Sommer steigt sie gewöhnlich an die Wasseroberfläche, um nach der Blütezeit im Herbst wieder auf den Grund abzusinken. Die Art besiedelt nährstoffreiche Gräben des norddeutschen Flachlandes, seltener mäßig nährstoffbelastete Voralpenseen.

Nuttalls Wasserpest Elodea nuttallii Insert: Kanadische Wasserpest E. canadensis

Krebsschere Stratiotes aloides

LAICHKRAUTGEWÄCHSE - POTAMOGETONACEAE

Krauses Laichkraut - Potamogeton crispus

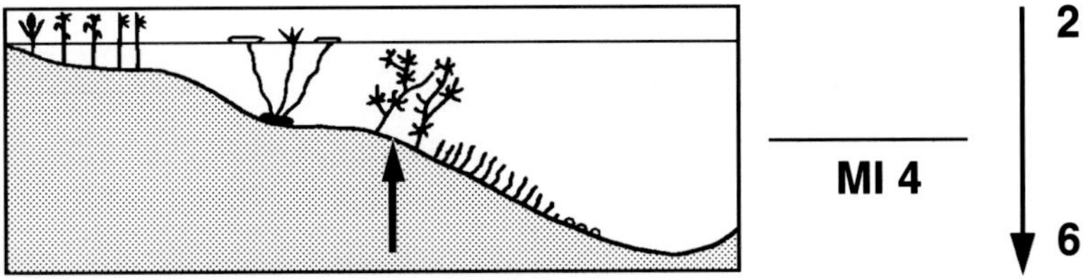

Untergetauchte Wasserpflanze mit langem, dünnem Stengel, an dem längliche, am Rand stark gewellte Blätter sitzen. Diese sind stumpf, fein gesägt und wie der Stengel leicht rötlich überlaufen. Häufige Art stehender und langsam fließender Gewässer. Erscheint bevorzugt an nährstoffbelasteten Uferabschnitten, Einleitungen und Zuflüssen.

Glänzendes Laichkraut - Potamogeton lucens

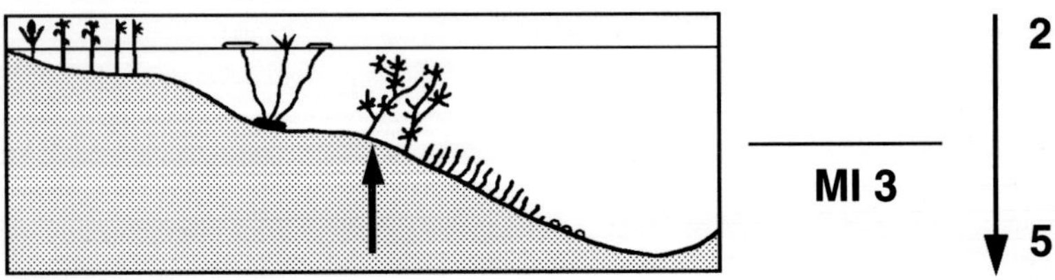

Kennzeichen sind die glänzend erscheinenden Blätter, die bis zu 30 cm lang und 5 cm breit werden und eine kleine aufgesetzte Spitze besitzen (im Unterschied zu den Unterwasserblättern des Knotigen Laichkrautes). Die Blüten werden in Ähren an bis zu 30 cm langen, verdickten Stengeln über die Wasseroberfläche geschoben. Die häufig vorkommende Art bildet oftmals dichte "Hecken" in mäßig nährstoffbelasteten Gewässern (Altwasser, Kiesgruben, große Seen).

Krauses Laichkraut Potamogeton crispus

Glänzendes Laichkraut Potamogeton lucens Insert: Blütenstand

LAICHKRAUTGEWÄCHSE - POTAMOGETONACEAE

Knotiges Laichkraut - Potamogeton nodosus

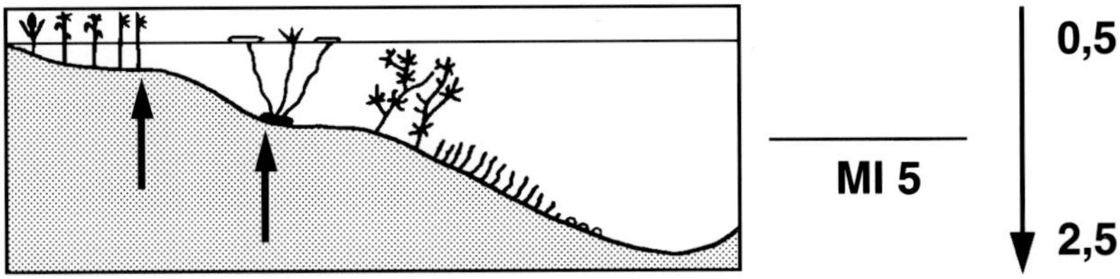

Dieser Vertreter der artenreichen Familie der Laichkräuter besitzt Schwimmblätter und Unterwasserblätter. Die ovalen, dunkelgrünen oder rotbraunen, lederartigen Schwimmblätter fehlen bei tief wurzelnden Pflanzen. Diese besitzen völlig anders aussehende, häutig-durchsichtige und schmale Unterwasserblätter. Flach-wasserpflanzen bilden im Lauf des Sommers nur noch Schwimmblätter aus. Der Name rührt von den zum Stengelgrund kürzer werdenden Internodien her, die gedrängt und knotig erscheinen. Die Art hat eine Vorliebe für nährstoffreiche Ufer in Altwässern und Seen.

Kammförmiges Laichkraut - Potamogeton pectinatus

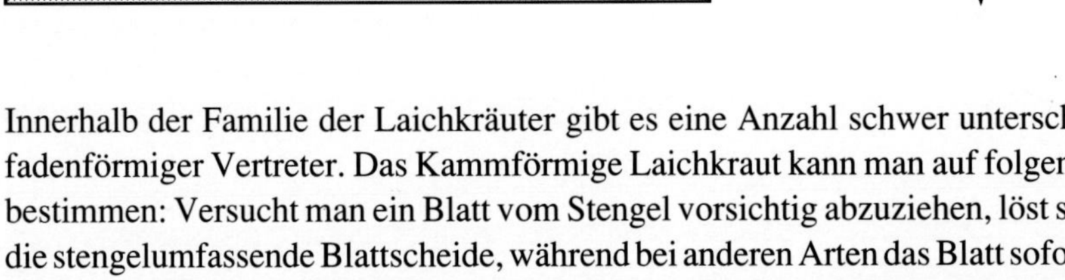

Innerhalb der Familie der Laichkräuter gibt es eine Anzahl schwer unterscheidbarer, fadenförmiger Vertreter. Das Kammförmige Laichkraut kann man auf folgende Weise bestimmen: Versucht man ein Blatt vom Stengel vorsichtig abzuziehen, löst sich zuerst die stengelumfassende Blattscheide, während bei anderen Arten das Blatt sofort abreißt. Guter Indikator für nährstoffreiche Gewässer, in denen es häufig undurch-dringbare, über 2 m hohe "Hecken" bildet.

Knotiges Laichkraut Potamogeton nodosus

Kammförmiges Laichkraut Potamogeton pectinatus

LAICHKRAUTGEWÄCHSE - POTAMOGETONACEAE

Durchwachsenes Laichkraut - Potamogeton perfoliatus

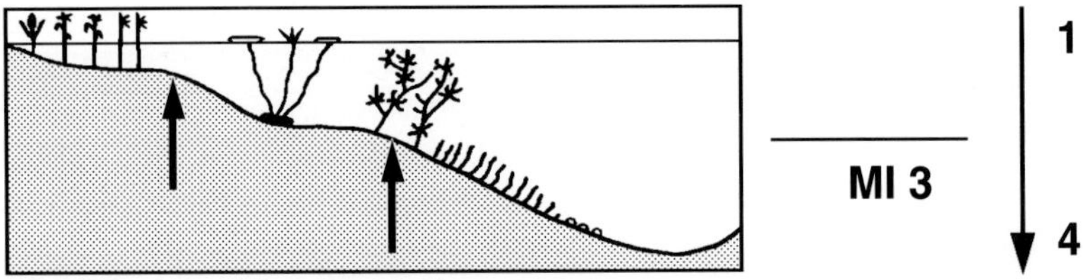

Der Name bezieht sich auf die am Grund herzförmigen, stengelumfassenden Blätter, welche scheinbar vom Stengel durchwachsen werden. Die Ährenstiele sind denen des Glänzenden Laichkrautes ähnlich, hier jedoch unverdickt. Häufige Art in mäßig nährstoffreichen bis nährstoffreichen Gewässern mit schlammigem Sediment.

Dichtes Fischkraut - Groenlandia densa

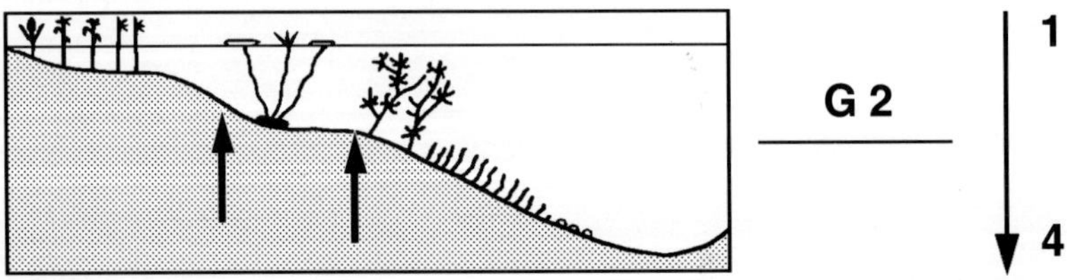

Völlig untergetaucht lebende Wasserpflanze in fließenden, kalten und wenig nährstoffbelasteten Gräben, Bächen und Quelltöpfen des west- und südwestdeutschen Berglandes und in der Oberrheinebene. Die eiförmig bis lanzettlich geformten Blätter sind immer zweizeilig und gegenständig angeordnet. Das Dichte Fischkraut wird durch Gewässerverschmutzung stark zurückgedrängt.

Durchwachsenes Laichkraut Potamogeton perfoliatus

Dichtes Fischkraut Groenlandia densa

TEICHFADENGEWÄCHSE - ZANNICHELLIACEAE

Sumpf-Teichfaden - Zannichellia palustris

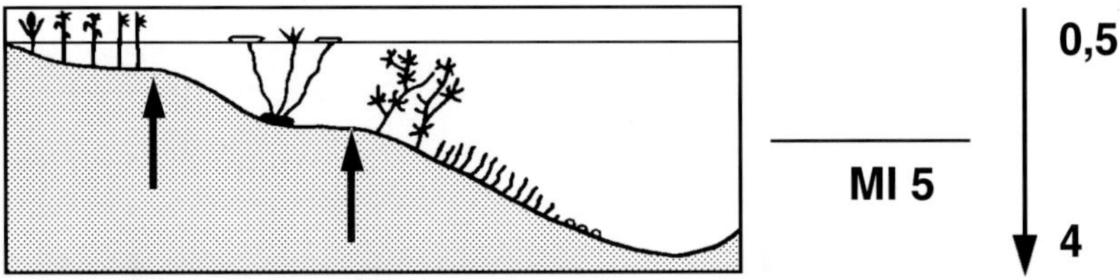

Zarte Unterwasserpflanze, die mit kriechender Achse dichtrasig wächst. Der fadenförmige Stengel ist reich verästelt und an den Blattknoten bewurzelt. Die Blätter sind ebenfalls fadenförmig, bis zu 10 cm lang. Kennzeichen sind die halbmondförmigen, am Ende in einen Schnabel auslaufenden Früchte. Der Teichfaden gedeiht in stehenden und fließenden Gewässern und dringt sogar in Brackwasser vor. Indikator für nährstoffbelastetes, verschmutztes Wasser.

NIXENKRAUTGEWÄCHSE - NAJADACEAE

Großes Nixenkraut - Najas marina

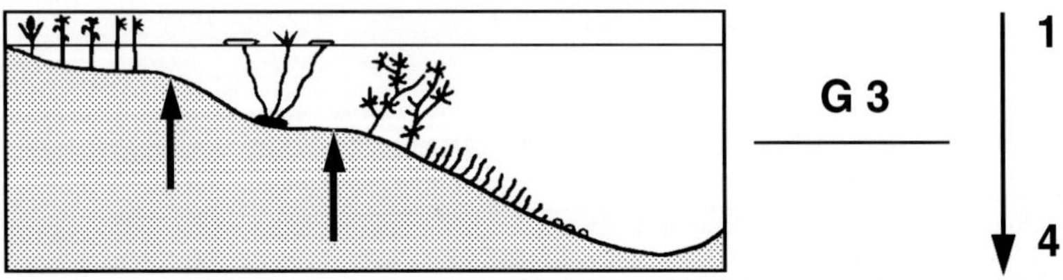

Der Stengel wird bis zu 80 cm lang und trägt lineale, stachelige, in Dreierquirlen angeordnete Blätter. Im Unterschied zum Kleinen Nixenkraut sind Stengel und Blattrücken bestachelt (bei Berührung schmerzhaft). Beide Arten sind einjährige Unterwasserpflanzen mit kurzer Lebensdauer. Von der Keimung der Samen über das Wachstum bis hin zur Befruchtung und Bildung der überwinternden Samen, vergehen nur wenige Wochen. Zur Keimung benötigen die Samen eine Temperatur von 20°C. Die Nixenkräuter kommen daher in sommerwarmen, ruhigen stehenden Gewässern vor.

Sumpf-Teichfaden *Zannichellia palustris*

Großes Nixenkraut *Najas marina*

NIXENKRAUTGEWÄCHSE - NAJADACEAE

Kleines Nixenkraut - Najas minor

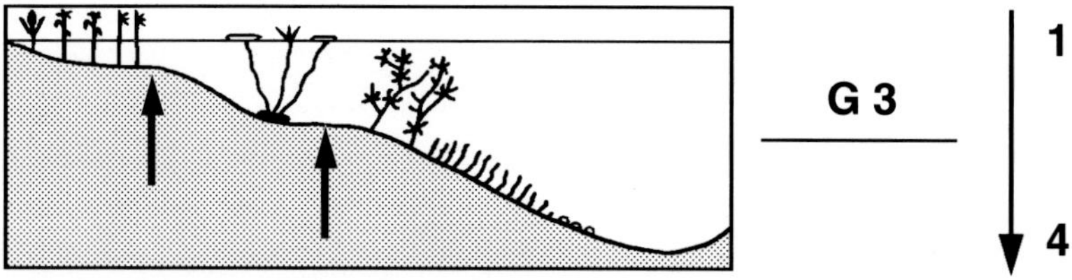

Äußerst zerbrechliche und zierliche Wasserpflanze. Die Blätter sind grannig gezähnt und oft zurückgekrümmt, fühlen sich rauh und glasartig an. Die Art bildet dichte ineinander verflochtene Massenbestände auf Schlammböden von langsam fließenden (Altwasser) und stehenden Gewässern (Baggerseen).

SAUERGRÄSER - CYPERACEAE

Gemeine Teichsimse - Schoenoplectus lacustris

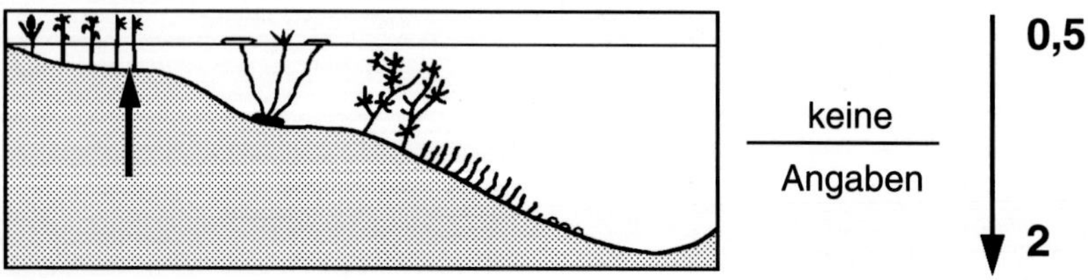

Die bis zu 300 cm hohe Röhrichtpflanze ragt als stielrunder, rutenförmiger Stengel über die Wasseroberfläche. Im Sommer werden an der Halmspitze Blütenstände aus braunen Ährchen gebildet. Die Teichsimse siedelt vor dem Schilfrohr und grenzt damit den Schilfgürtel zum offenen Wasser ab. Eine Besonderheit ist die Ausbildung einer Unterwasserform mit zarten, hellgrünen, bandartigen Blättern.

Kleines Nixenkraut Najas minor

Gemeine Teichsimse Schoenoplectus lacustris

ROHRKOLBENGEWÄCHSE - TYPHACEAE

Breitblättriger Rohrkolben - Typha latifolia

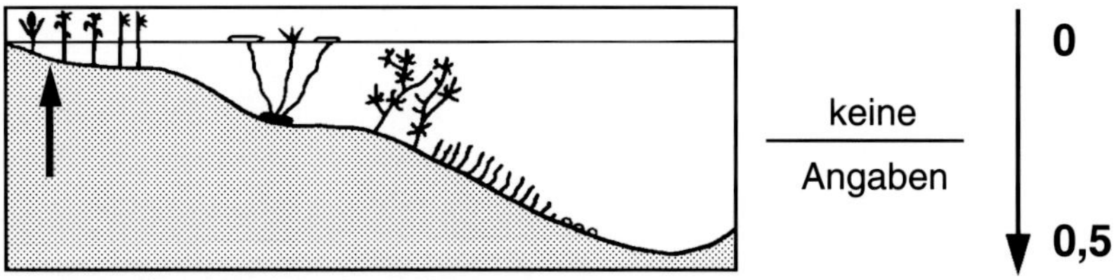

Der schwarzbraune Fruchtkolben besteht aus einem oberen männlichen Blütenabschnitt mit Staubblüten und einem darunter anschließenden weiblichen Abschnitt mit Stempelblüten. Beide Kolbenteile berühren sich. Im Gegensatz dazu sind beim Schmalblättrigen Rohrkolben (*Typha angustifolia*) die Kolbenteile durch einen nackten Stengelteil getrennt. Beide Arten bevorzugen eher nährstoffreiche, stehende und langsam fließende Gewässer.

BINSENGEWÄCHSE - JUNCACEAE

Flatterbinse - Juncus effusus
Knäuelbinse - Juncus conglomeratus

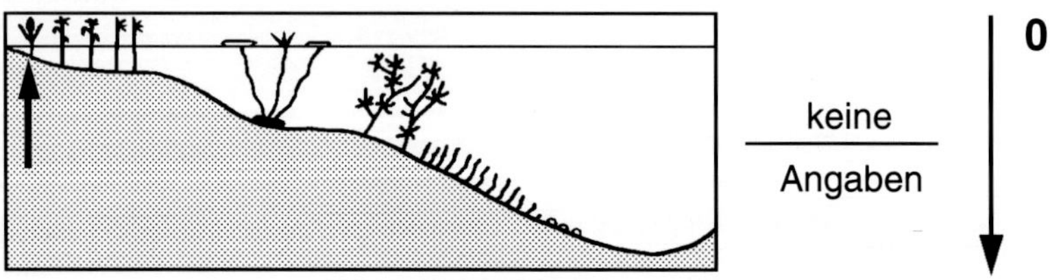

Innerhalb der Gattung gibt es wichtige Uferpflanzen, die oft schwer zu unterscheiden sind. Allen gemein ist der Besitz stengelähnlicher ("binsenartiger") Blätter. Zwei häufige Vertreter kalkarmer Standorte sind die Flatterbinse (*Juncus effusus*) und die Knäuelbinse (*Juncus conglomeratus*). Aus einem kriechenden, verzweigten Rhizom entspringen zahlreiche stielrunde Stengel, die zur Blütezeit durch ein Tragblatt des Blütenstandes (Spirre) verlängert werden. Dadurch erscheint dieser seitenständig. Die Flatterbinse besitzt eine lockere, braune, die Knäuelbinse eine kopfig gedrängte Spirre.

Breitblättriger Rohrkolben Typha latifolia Insert: Blütenstände von T. latifolia (l) und T. angustifolia (r)

Flatterbinse Juncus effusus Insert: Knäuelbinse Juncus conglomeratus

IGELKOLBENGEWÄCHSE - SPARGANIACEAE

Ästiger Igelkolben - Sparganium erectum

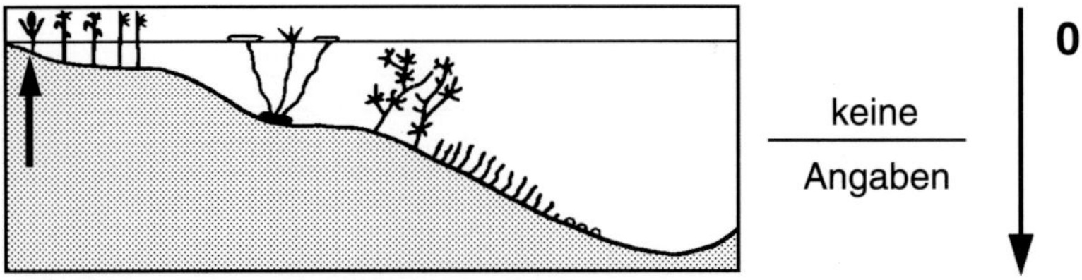

Der Name der Igelkolbengewächse bezieht sich auf das Aussehen der Fruchtstände zur Reifezeit. Diese bilden morgensternartige Kugeln aus, in denen die Steinfrüchte eine kurze und starre Spitze besitzen. Die Art trägt lang-linealige, am Grund dreikantige Blätter an einem stielrunden Stengel. In Fließgewässern bildet der Igelkolben flutende Bestände, ansonsten ist er im Röhricht stehender und langsam fließender Gewässer verbreitet.

Ästiger Igelkolben   Sparganium erectum   (Blütenstand)

Sparganium sp. in der flutenden Form

SÜSSGRÄSER - POACEAE

Schilfrohr - Phragmites australis

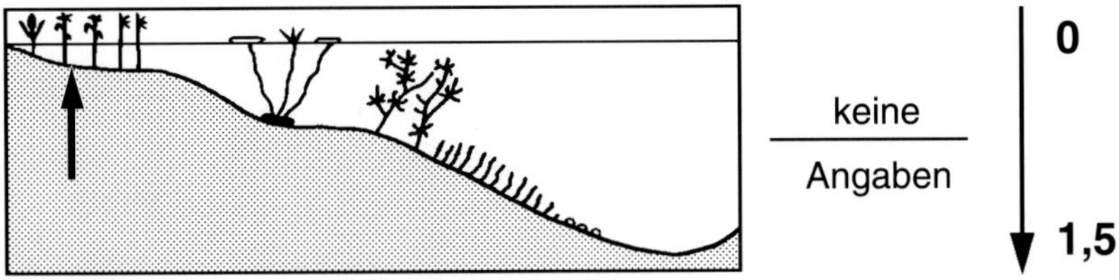

Diese Art ist die wichtigste und weitverbreitetste Verlandungspflanze unserer Gewässer. Sie ist namengebend für eine besondere Zone, den Schilfgürtel. Das Schilfrohr vermag dichte Bestände zu bilden, in denen eine Vielzahl von besonders angepaßten Tieren und Pflanzen Unterschlupf finden. Charakteristisch sind die graugrüne Farbe der Blätter und ein Haarkranz (an Stelle des Blatthäutchens) am Blattgrund.

Wasserschwaden - Glyceria maxima

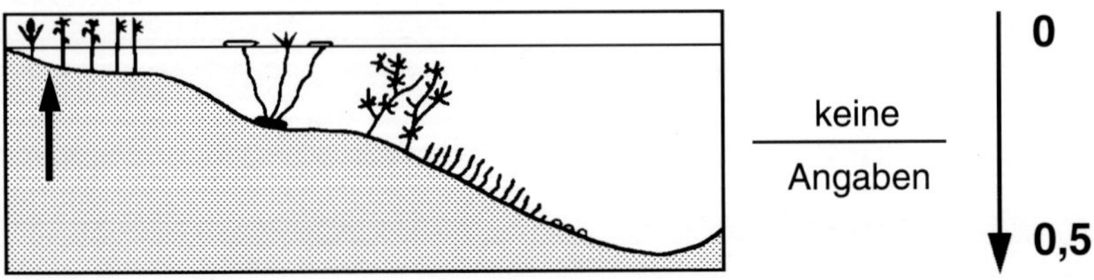

Häufige Röhrichtpflanze an Ufern nährstoffreicher Teiche, Tümpel und Flüsse. Das Erscheinungsbild ähnelt dem des Schilfrohres. Im Unterschied dazu besitzt der Wasserschwaden einen dicken, rohrartigen Stengel, gelbgrün gefärbte, am Rand sehr scharfe Blätter und einen Blütenstand mit gleichmäßig steif ausgebreiteten Rispenästen.

Schilfrohr   Phragmites australis

Wasserschwaden   Glyceria maxima

WASSERLINSENGEWÄCHSE - LEMNACEAE

Die Arten dieser Familie sind winzige, gesellig wachsende, freischwimmende oder untergetauchte Wasserpflanzen, deren reduzierte Wuchsform Ausdruck einer optimalen Anpassung an den Lebensraum darstellt. Blätter und Sproßachse stellen wahrscheinlich ein Verschmelzungsprodukt dar. Die Blüten sind unauffällig klein. Einer Art fehlen die Wurzeln. Nährstoffreiche stehende oder sehr langsam fließende Gewässer werden oft massenhaft von der Kleinen Wasserlinse (*Lemna minor*) überzogen. Die Sproßglieder dieser Art besitzen nur eine, bis zu 4 cm lange Wurzel. Die Teichlinse (*Spirodela polyrhiza*) hat deutlich größere Sproßglieder mit einer Vielzahl Wurzeln an der Unterseite. Im Gegensatz zu den schwimmenden Arten lebt die Dreifurchige Wasserlinse (*Lemna trisulca*), abgesehen von der Blütezeit, untergetaucht, mit mehreren Sproßgliedern kreuzweise zusammenhängend. Wasserlinsen sind gute Indikatoren für nährstoffreiche Gewässer. Massenwuchs deutet oft auf Eutrophierung hin.

Kleine Wasserlinse - Lemna minor
Teichlinse - Spirodela polyrhiza

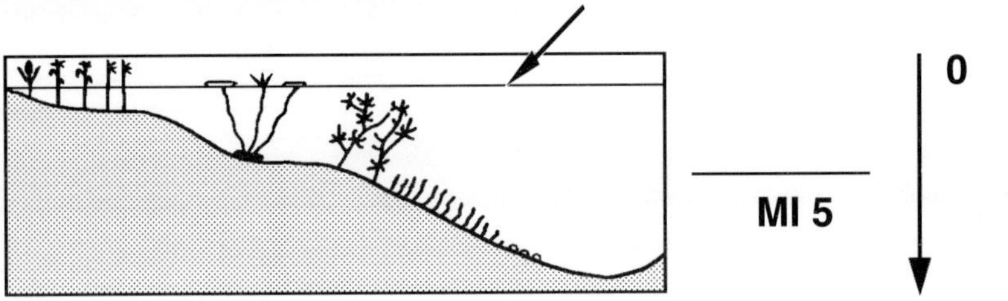

Dreifurchige Wasserlinse - Lemna trisulca

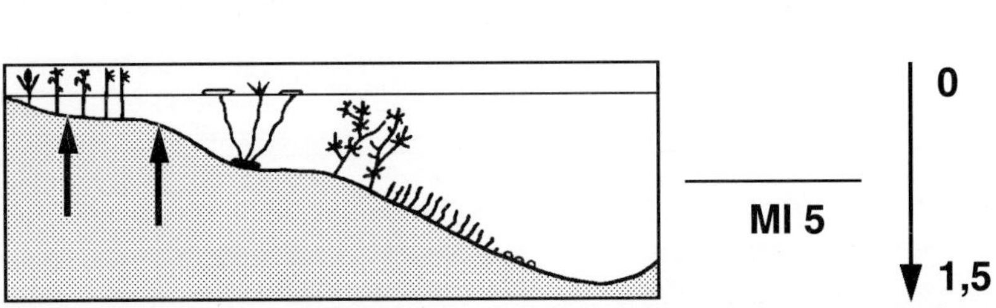

Kleine Wasserlinse Lemna minor Bildmitte: Teichlinse Spirodela polyrhiza

Dreifurchige Wasserlinse Lemna trisulca

EINZELLER - PROTOZOA

Grünes Gallert-Kugeltierchen - Ophrydium versatile

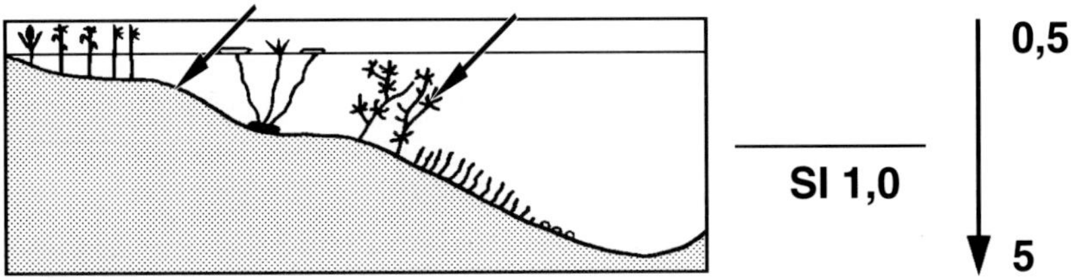

Innerhalb der Klasse der Wimpertierchen (Ciliata) gibt es eine unüberschaubare Artenfülle. Der Großteil der Arten ist nicht mit bloßem Auge erkennbar. Kolonienbildende Einzeller, wie das Grüne Gallert-Kugeltierchen, bilden die Ausnahme. An Holz oder Wasserpflanzen angeheftet, formen Hunderte von Einzeltieren faustgroße, durch symbiontische Algen (Zoochlorellen) grün gefärbte Gallertklumpen. Ein Wimpernapparat am Mundbereich dient zur Nahrungsaufnahme; mit seiner Hilfe werden Bakterien und Algen eingestrudelt . Der Lebensraum sind saubere stehende Gewässer.

SCHWÄMME - PORIFERA

Geweihschwamm - Spongilla lacustris

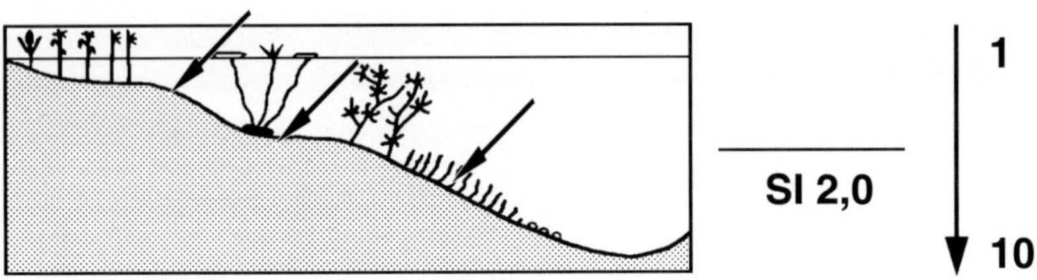

Während die Schwämme in den Meeren ihre Hauptverbreitung finden, leben in unseren heimischen Gewässern nur sechs Arten. Die Unterscheidung ist sehr schwierig, da die äußere Form in Abhängigkeit von Strömung, Substrat, Nahrung und Wasserhärte sehr unterschiedlich ausfällt. Der Geweihschwamm vermag Krusten, Klumpen oder geweihartige Körper zu bilden. Eine sichere Artbestimmung ist nur mit Hilfe der Skelettnadeln (Makroskleren) und der Überdauerungsorgane (Gemmulae) möglich. Ein häufiger Vertreter ist der weltweit verbreitete Geweihschwamm, der in ruhigem Wasser buschförmige Auswüchse bildet, die in Fließgewässern fehlen können. Die Färbung ist variabel und schwankt zwischen grasgrün, gelblich und grau. Gemmulae werden in Massen im November gebildet und im darauffolgenden Frühjahr entlassen. Neben der Überwinterung dienen sie somit auch der ungeschlechtlichen Vermehrung.

Grünes Gallert-Kugeltierchen Ophrydium versatile

Geweihschwamm Spongilla lacustris

NESSELTIERE - CNIDARIA

Die Nesseltiere sind im Süßwasser nur durch wenige Hydrozoen-Arten vertreten. Im typischen Fall wechseln Polypen- und Medusengeneration miteinander ab. Diesen Wechsel zwischen ungeschlechtlicher (Polyp) und geschlechtlicher Generation (Meduse) findet man in heimischen Gewässern nur bei der Süßwassermeduse. Die anderen Arten existieren nur als Polyp, der fähig ist, bei ungünstigen Umweltbedingungen Keimdrüsen auszubilden. Häufig findet eine ungeschlechtliche Vermehrung durch Knospung statt. Der Polyp haftet mit einer Fußscheibe am Untergrund fest. Der Rumpf umschließt einen Magenhohlraum, der nach oben in einer Mundöffnung endet, die von Tentakeln umgeben ist. Die Körperwand besteht aus zwei Zellschichten: einem inneren Entoderm und einem äußeren Ektoderm. Beide Schichten werden von einer Stützlamelle getrennt. Entgegen diesem einfachen Aufbau, sind die Nesselkapseln kompliziert gestaltete Waffen, die der Verteidigung und dem Nahrungserwerb dienen. Auf den Tentakeln gehäuft, besitzt jede Nesselkapsel eine feine Borste, die bei Berührung die Kapsel explodieren läßt , wobei sich eine in ihr enthaltener handschufingerartiger, langer Schlauch nach außen stülpt. Dieser Faden kann sogar den Panzer eines Wasserflohs durchschlagen und das lähmende Gift in das Gewebe der Beute injizieren.

Gestielter Süßwasserpolyp - Pelmatohydra oligactis

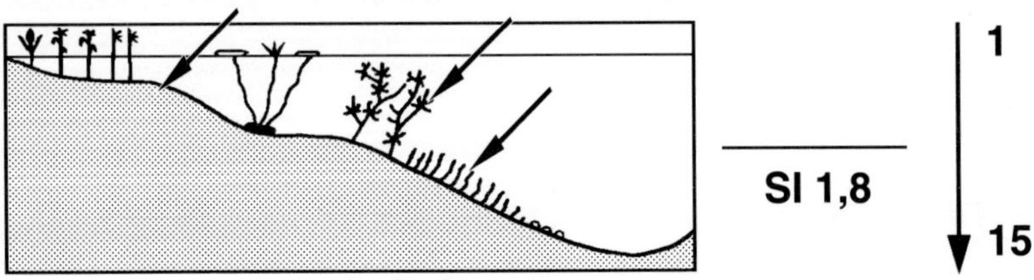

Der Körper ist durch einen durchsichtigen, hellen Stiel von der Fußscheibe abgesetzt. Die Tentakel sind länger als der bis zu 3 cm lange Körper. Die Art bevorzugt gut belichtete flache Uferzonen von Fließgewässern und Seen. Siedelt bevorzugt auf exponierten Gegenständen (Ästen, Wasserpflanzen etc.).

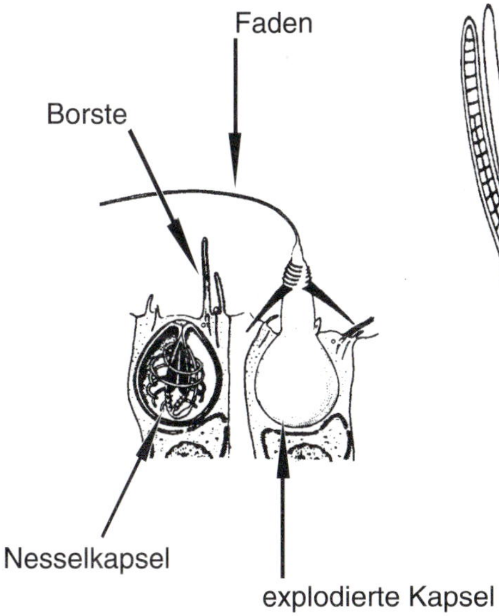

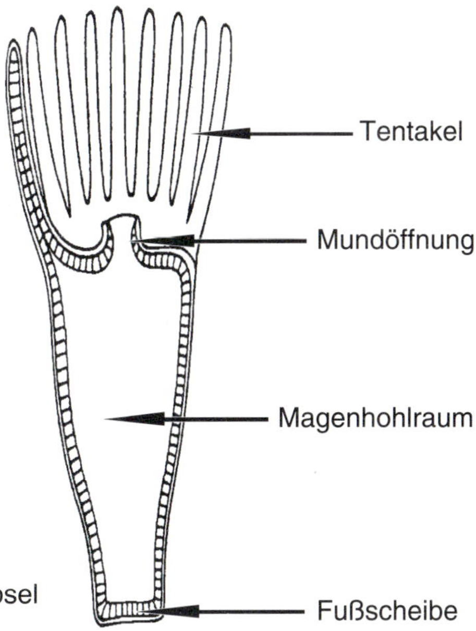

Gestielter Süßwasserpolyp Pelmatohydra oligactis

NESSELTIERE - CNIDARIA

Süßwassermeduse - Craspedacusta sowerbii

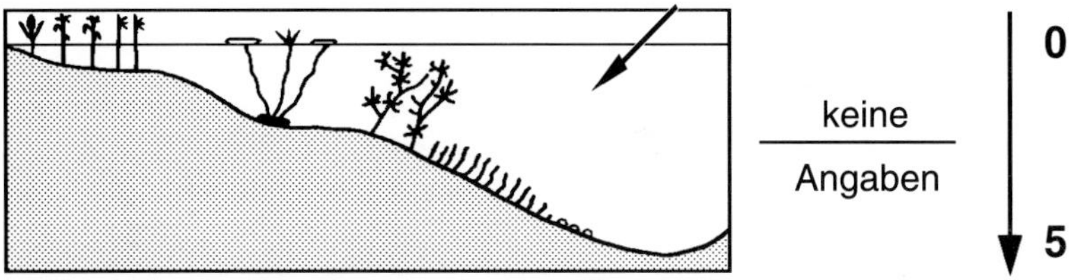

In den oberen Wasserschichten stehender Gewässer kann man im Sommer diese kleine, bis zu 2 cm große, durchscheinende Meduse beobachten. Sie stellt die Geschlechtsgeneration dar, die auf ungeschlechtliche Weise von einem kleinen, am Grund lebenden, tentakellosen Polypen gebildet wurde. In Mitteleuropa tragen die Medusen nur Ovarien und können sich somit nicht geschlechtlich fortpflanzen. Die Meduse besitzt, wie ihre großen Verwandten in den Meeren, eine Schirmglocke mit zahlreichen, nesselkapseltragenden Tentakeln und einem nach unten hängenden Magenstiel.

STRUDELWÜRMER - TURBELLARIA

Die Strudelwürmer gehören zum Stamm der Plattwürmer (Plathelminthes). Der Körperbau ist recht einfach: Die kleinen, vielzelligen Tiere, deren Organe in ein Grundgewebe eingebettet sind, besitzen einen Mund und einen Darm, ein einfaches Gehirn, einen der Bewegung dienenden Hautmuskelschlauch, einfache Augen und eine bewimperte Oberhaut. Die Tiere leben frei unter Steinen, im Bodengrund oder an Wasserpflanzen. Zentimetergröße erreichen Vertreter der Ordnung Tricladida, die durch einen dreiästigen, reich verzweigten Darm charakterisiert sind. Die lichtscheuen Arten gehen nachts auf Beutefang. Am Tag findet man sie häufig beim Umdrehen von Holz oder Steinen. Einige Arten können für eine ökologische Bewertung von Fließgewässern herangezogen werden, da sie an einen bestimmten Sauerstoffgehalt und eine bestimmte Wassertemperatur gebunden sind.

Süßwassermeduse Craspedacusta sowerbii

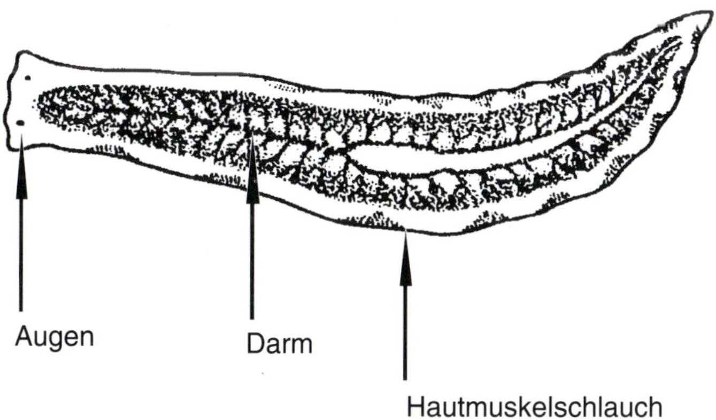

STRUDELWÜRMER - TURBELLARIA

Planarie - Dugesia lugubris

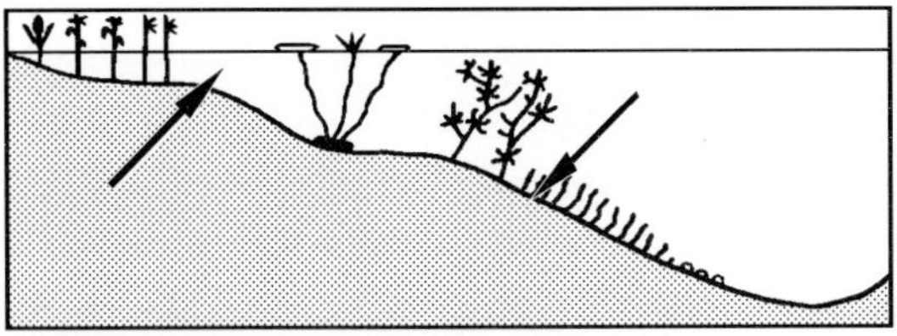

keine / Angaben

0,2

nachtaktiv

6

Der Kopf dieser bis zu 20 mm langen Tiere ist stumpfwinklig abgerundet und erhält dadurch einen dreieckigen bis herzförmigen Umriß. Vor der breitesten Stelle des Kopfes befinden sich zwei von einem hellen Hof umgebene Augen. Die graubraun bis schwarz gefärbte Art ist gegen Gewässerverschmutzung relativ unempfindlich und lebt in pflanzenreichen stehenden und langsam fließenden Gewässern.

Milchweiße Planarie - Dendrocoelum lacteum

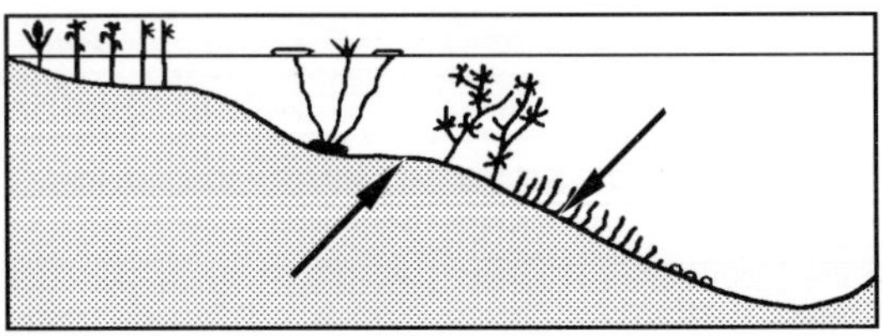

SI 2,0

0,2

nachtaktiv

6

Auffällig schneeweißer Strudelwurm, der in stehenden und fließenden Gewässern aller Arten häufig zu finden ist. Das abgestumpfte Kopfende trägt zwei kurze Tentakel, die nicht über das Vorderende hinausragen. Die Tiere erreichen eine Größe bis zu 30 mm.

Planarie Dugesia lugubris

Milchweiße Planarie Dendrocoelum lacteum

MOOSTIERCHEN - BRYOZOA

Die meisten Moostierchen sind Meeresbewohner. Nur etwa zehn Arten besiedeln die Süßgewässer Mitteleuropas. Es handelt sich hierbei um kolonien bildende Organismen, deren Einzeltiere (Zooide) aus einer Wohnhülle (Cystid) und einem zurückziehbaren Weichkörper (Polypid) bestehen. Der Weichkörper ist mit seiner Wohnröhre fest verwachsen und trägt am Ende eine u-förmige Tentakelkrone, die der Nahrungsaufnahme und der Atmung dient. Bei Störung ziehen sich die Tentakelkränze zurück. Moostierchen sind Zwitter. Nach der Befruchtung gelangen die Eier in eine Brutkammer, in der sich der Keim entwickelt. Die Larven werden nachts ausgestoßen, setzen sich nach kurzer Zeit als Primärzooide fest und bilden durch Knospung eine neue Kolonie. Die Polypide überleben den Winter nicht. Sie produzieren im Herbst Überwinterungsorgane (Statoblasten), die aus zwei runden Chitinschalen bestehen und etwas Zellgewebe umschließen. Mit Hilfe eines sich am Rand befindlichen luftgefüllten Rings und mehrerer spitzer Haken können die Statoblasten durch das Wasser vedriftet oder an Tieren eingehakt in andere Gewässer verbreitet werden. Die Keimung erfolgt ab einer bestimmten Temperatur im nächsten Frühjahr.

Kriechendes Moostierchen - Plumatella repens

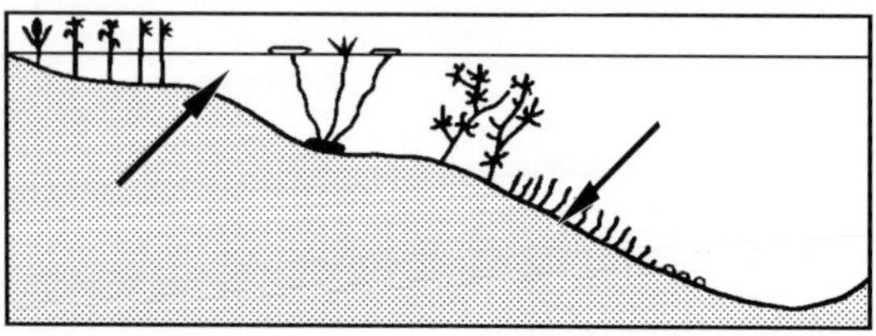

keine
Angaben

Die Wuchsform der Kolonien kann je nach Platzverhältnissen auf der Unterlage kriechend oder freiflutend sein. Häufig findet man die geweihartig verketteten Kolonien unter Steinen oder Holz in stark beschatteten Uferbereichen stehender und fließender, mäßig verunreinigter Gewässer.

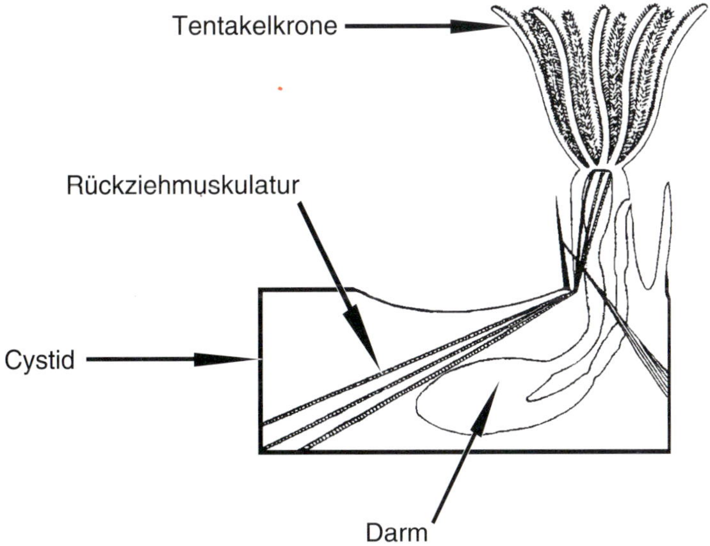

Kriechendes Moostierchen Plumatella repens

MOOSTIERCHEN - BRYOZOA

Gallertiges Moostierchen - Cristatella mucedo

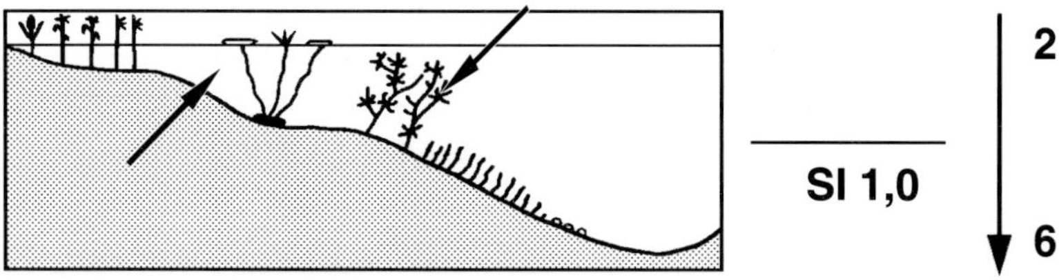

Schneckenlaichartige, wurmförmige Kolonien bis zu 20 cm Länge. Diese Moostierchen besitzen eine gewisse Eigenbeweglichkeit, da an ihrer Unterseite eine gelatinöse Membran abgeschieden wird, auf der sich die Kolonie fortbewegen kann. Die großen Polypide ragen sichtbar aus ihren Mündungen hervor. Innerhalb des bis zu 2 mm großen Tentakelkranzes befindet sich die Mundöffnung. Moostierchen sind Strudler, die von winzigen Planktonorganismen leben. Sie überziehen Wasserpflanzen und Äste in klaren, mäßig belasteten, meist kühlen stehenden und langsam fließenden Gewässern.

Gallertiges Moostierchen   Cristatella mucedo ➡

WEICHTIERE - MOLLUSCA

SCHNECKEN - GASTROPODA

Die Weichtiere sind eine artenreiche und in fast allen Lebensräumen vertretene Tiergruppe, deren Grundbauplan sich in Kopf, Fuß und schalenbedeckten Eingeweidesack gliedert. Die größte Formenvielfalt erreichen sie in den Meeren, während sie im Süßwasser nur durch die Muscheln und Schnecken vertreten sind. Bei den Schnecken hat sich der Eingeweidesack mit der Schale um 180° gedreht, so daß die Mantelhöhle vorne liegt. Der Mantel ist eine drüsenreiche Körperhaut, die das Gehäuse abscheidet, welches im einfachsten Fall ein mützenartiges Aussehen erhält (Napfschnecke). Die meisten Arten scheiden dagegen eine spiralige Röhre ab, die entweder in einer Ebene liegt oder kegel- bis spindelförmig ist. Die Gehäuse können links- oder rechtsgewunden sein (wichtiges Bestimmungsmerkmal): Schaut man auf die Schalenspitze und die Windungen verlaufen im Uhrzeigersinn, spricht man von einem rechtsgewundenen Gehäuse. Gegen den Uhrzeigersinn bedeutet linksgewunden. Einige Schnecken scheiden zusätzlich einen Deckel ab, der am Fuß getragen wird und dem Verschluß des Gehäuses dient. Zur Nahrungsaufnahme verwenden die Schnecken ein kompliziertes Schaborgan (Radula), mit dem Algen abgeraspelt werden. Die Atmung erfolgt bei den deckellosen Süßwasserlungenschnecken (Basommatophora) über eine luftgefüllte Atemhöhle, bei den deckeltragenden Vorderkiemern (Prosobranchia) über kammförmige Kiemen. Die Süßwasserlungenschnecken sind Zwitter, die Vorderkiemer sind dagegen getrenntgeschlechtlich. Der Schneckenlaich ist bei den einzelnen Gattungen in typischer Weise geformt.

Große Sumpfschnecke - Stagnicola palustris

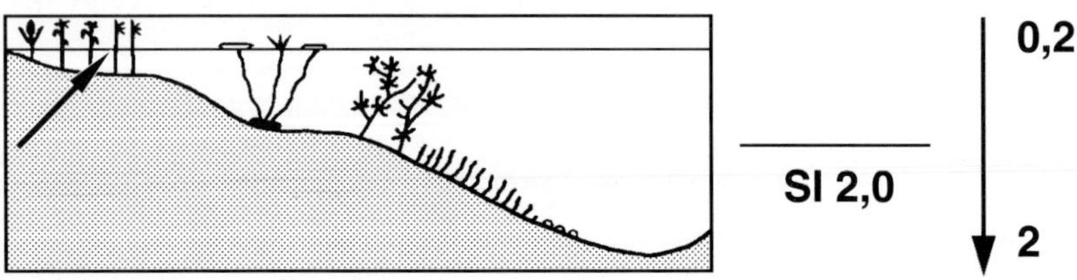

Sehr formenreiche Sammelart mit schlankem, bis zu 35 mm hohem, rötlich- bis dunkelbraun gefärbtem Gehäuse. Der Körper dieser Lungenschnecke ist schwärzlich. Der Laich wird in gallertigen Strängen auf Steinen und Wasserpflanzen abgelegt. Die Art kommt in pflanzenreichen stehenden und langsam fließenden Gewässern, vor allem Auengewässern, vor. Als Nahrung dienen Pflanzenteile und tote Tiere.

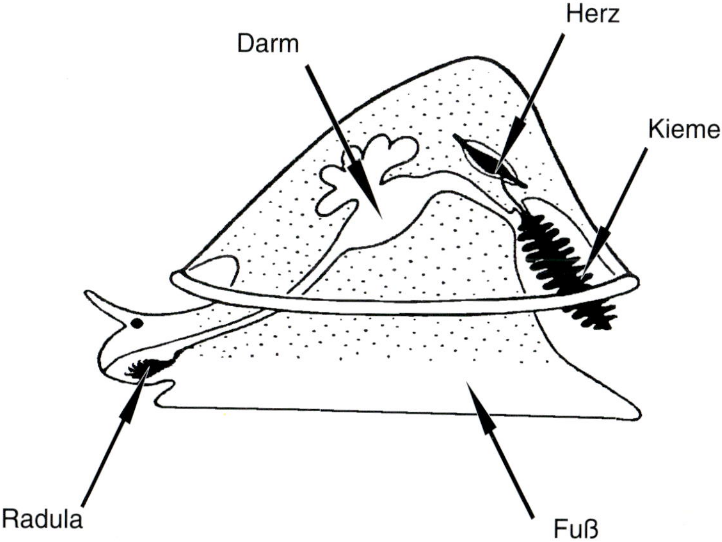

Große Sumpfschnecke Stagnicola palustris

SCHNECKEN - GASTROPODA

Spitzschlammschnecke - Lymnaea stagnalis

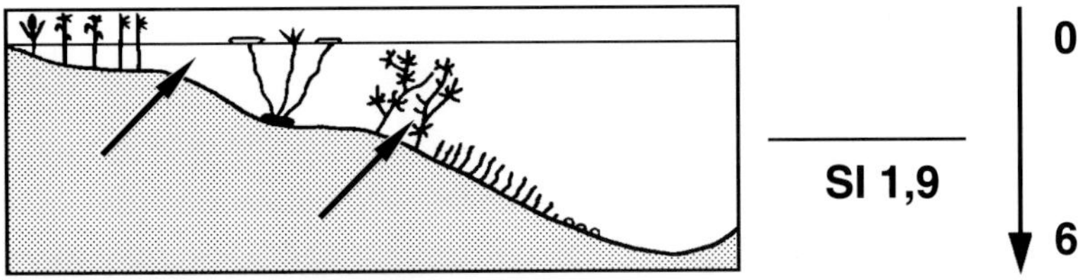

Lungenschnecke mit sehr großem, spitz verlaufendem Gehäuse, dessen letzter Umgang bauchig erweitert ist. Die Schale ist sehr zerbrechlich, gelblich bis dunkelbraun gefärbt. Auffällig sind die flachen, dreieckigen Fühler, an deren Basis innen die Augen liegen. Häufig beobachtet man die Art mit der Fußsohle nach oben an der Wasseroberfläche gleitend. Dabei produziert die Spitzschlammschnecke ein Schleimband und nutzt dabei die Oberflächenspannung des Wassers aus. Bei Gefahr läßt sie sich durch Austoßen der Luft zu Boden sinken. Häufige Art langsam fließender und stehender, pflanzenreicher Gewässer.

Ohrschlammschnecke - Radix auricularia

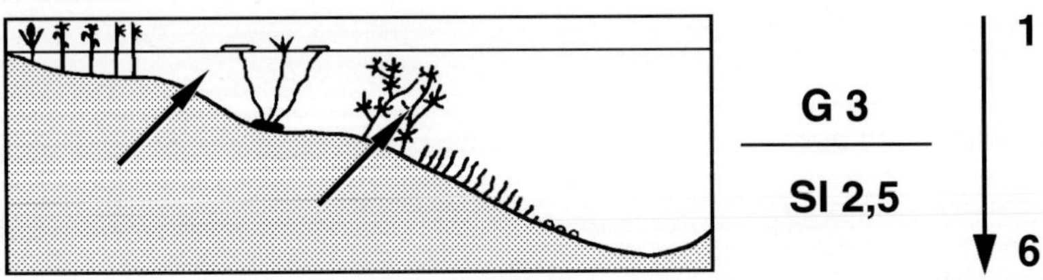

Diese formvariable Art besitzt in typischer Gestalt ein auffallend ohrförmiges Gehäuse, dessen letzter Umgang groß aufgeblasen ist. Die dünnwandige, zerbrechliche Schale ist hell, hornfarben und transparent, so daß der Mantel hindurchschimmert. Die Ohrschlammschnecke findet man in pflanzenreichen Gräben, Baggerseen und Auengewässern.

Spitzschlammschnecke Lymnaea stagnalis

Ohrschlammschnecke Radix auricularia

SCHNECKEN - GASTROPODA

Posthornschnecke - Planorbarius corneus

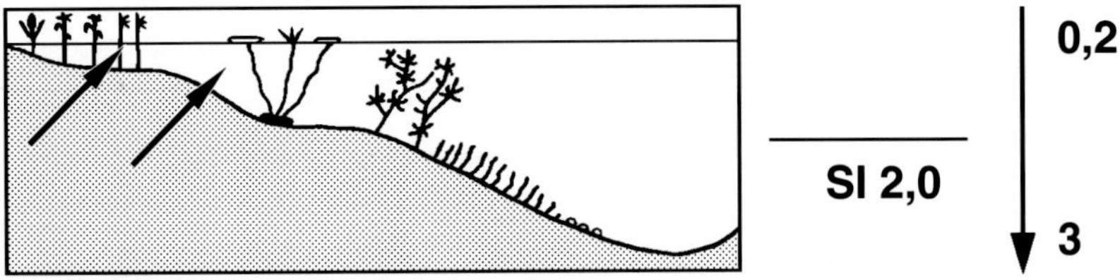

Kennzeichnend ist das im Durchmesser bis zu 3 cm große, dunkel- bis rotbraun gefärbte Gehäuse, dessen Windungen in einer Ebene liegen (linksgewunden). Der Körper ist fast schwarz, manchmal auch unpigmentiert und dann durch den roten Blutfarbstoff (Hämoglobin) rötlich erscheinend. Der Kopf trägt lange, borstenförmige Fühler. Die Nahrung besteht überwiegend aus lebenden und absterbenden Wasserpflanzen, Aas und Algenaufwuchs. Die Eiablage erfolgt in Form von flachen, scheibenförmigen Laichballen. Bevorzugte Lebensräume sind pflanzenreiche Gewässer des Tieflandes.

Flache Tellerschnecke - Planorbis planorbis

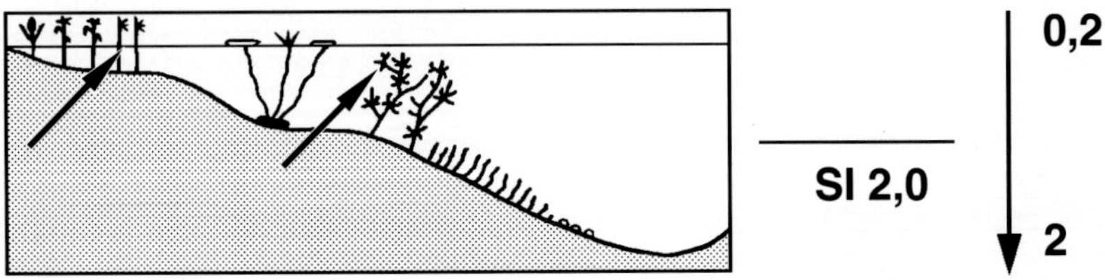

Wie der Name andeutet, besitzt diese Art ein flaches, tellerartiges Gehäuse, welches durch einen scharf abgesetzten Kiel an der Außenseite erzeugt wird. Das Gehäuse hat einen Durchmesser von maximal 17 mm und ist hornfarben bis dunkelbraun gefärbt. Die Tellerschnecke meidet Gewässer mit starker Strömung.

Posthornschnecke Planorbarius corneus

Flache Tellerschnecke Planorbis planorbis

SCHNECKEN - GASTROPODA

Flußnapfschnecke - Ancylus fluviatilis

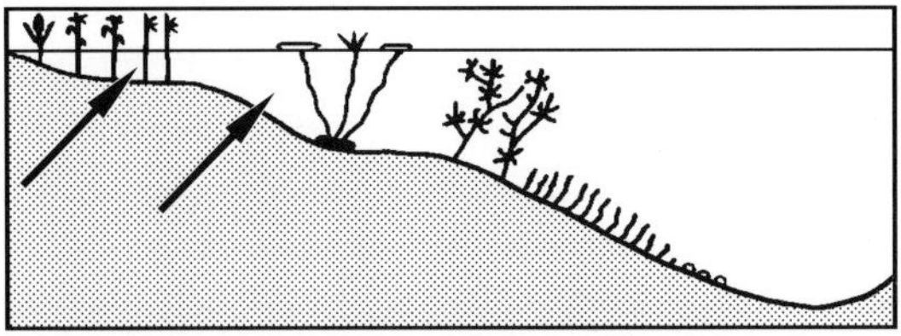

G 4

SI 1,7

0,2

3

Mützenförmiges Gehäuse ohne Windungen, 7 mm lang und maximal 3 mm hoch, Hinterende mit kleinem, nach hinten gekrümmtem Zipfel. Weitere Merkmale sind die kurzen stummelartigen Fühler und der Besitz einer breiten Fußscheibe, mit der sich das Tier fest an die Unterlage saugen kann. Die äußere, strömungsgünstige Form ermöglicht es der Art, in stark bewegtem Wasser Algen abzuweiden. Ihr Lebensraum ist das saubere Fließgewässer und Brandungsufer von Seen.

Sumpfdeckelschnecke - Viviparus contectus

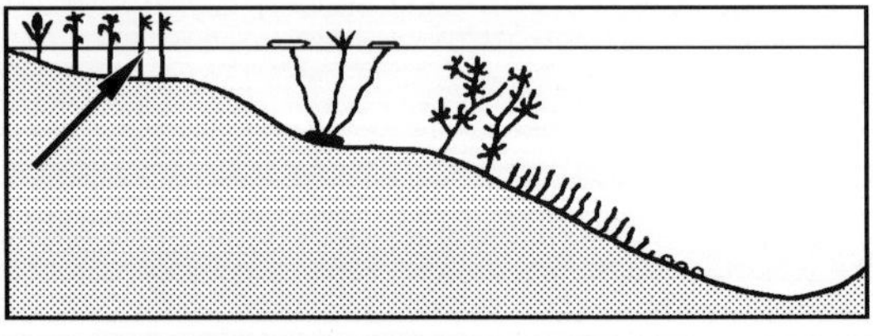

G 3

SI 2,0

0,2

2

Das grünlichbraun gefärbte, bis zu 4 cm hohe Gehäuse dieses Vorderkiemers wird von drei rotbraunen Längsbändern umgeben. Die deckeltragenden Viviparus-Arten sind getrenntgeschlechtlich und lebendgebärend. Das Männchen unterscheidet sich vom Weibchen durch einen kolbig verkürzten rechten Fühler, der als Begattungsorgan dient. Die Ernährung erfolgt auf unterschiedliche Weise: als Weidegänger durch Abraspeln von Algenaufwuchs oder als Planktonstrudler mit Hilfe besonderer Einrichtungen der Mantelhöhle. Die Lebensräume sind Gewässer mit Schlammgrund, pflanzenreiche Weiher, Teiche und Altwasser. Häufig in Norddeutschland.

Flußnapfschnecke Ancylus fluviatilis

Sumpfdeckelschnecke Viviparus contectus

SCHNECKEN - GASTROPODA

Schnauzenschnecke - Bithynia tentaculata

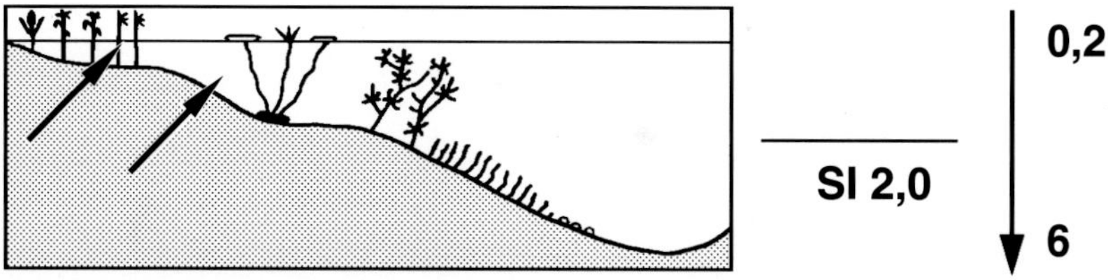

Eine der häufigsten Wasserschnecken, die in fast allen Gewässertypen vorkommt und gegen organische Verschmutzung tolerant ist. Das Gehäuse ist eiförmig mit kegelförmiger Spitze und maximal 11 mm hoch. Die Art gehört zu den deckeltragenden Vorderkiemern. Die Nahrung besteht vorwiegend aus organischem Detritus und eingestrudeltem Plankton. Laichabgabe erfolgt im Frühjahr in bandförmigen Strängen, die an Steine geheftet werden.

Spitze Blasenschnecke - Physa acuta

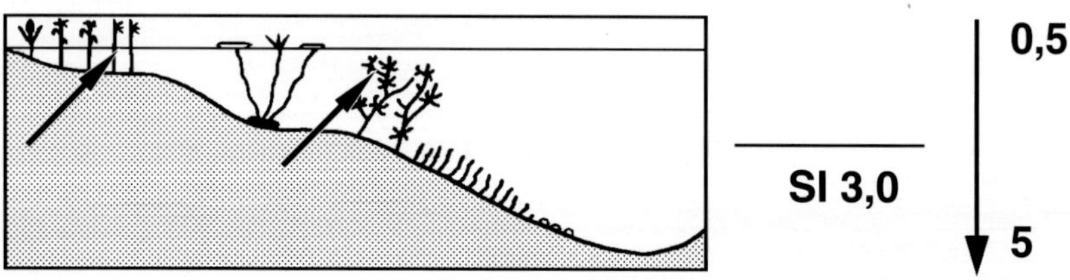

Kleine, 10 - 12 mm messende Schnecke mit linksgewundenem Gehäuse. Die Schale ist gelblich hornfarben, spitz zulaufend mit blasig erweitertem letzten Umgang. Die in Mitteleuropa verbreitete Art stammt ursprünglich aus dem südeuropäischen Raum. Sie ist relativ anspruchslos gegenüber der Wasserqualität und der Temperatur und vermag deshalb unterschiedliche Gewässertypen, wie Flüsse, Gräben, Altwasser, Teiche und Seen zu besiedeln.

Schnauzenschnecke Bithynia tentaculata

Spitze Blasenschnecke Physa acuta

MUSCHELN - BIVALVIA

Kennzeichen der Muscheln ist die zweiklappige Schale, die den ganzen Körper umhüllt und an der Verbindungsstelle durch ein elastisches Band (Ligament) verbunden ist. Die Schalen können über einen oder zwei Muskeln geschlossen werden. Viele Muscheln besitzen zudem ein aus kleinen Zähnen aufgebautes Schloß, dessen Struktur zur Artbestimmung herangezogen werden kann. Der Mantel scheidet an seinem Rand die Schale ab. Diese besteht aus einer unverkalkten, hornigen Oberschicht, einer kalkigen Prismenschicht und der innenliegenden glänzenden Perlmuttschicht. Der Kopf ist auf Grund der strudelnden Ernährungsweise rückgebildet. Die Kiemen liegen in einem durch die Schalen und den ihnen innen anliegenden Mantellappen gebildeten Hohlraum, der Mantelhöhle. Sie sind von Flimmerhärchen besetzt, die einen gerichteten Wasserstrom erzeugen. Wasser, feinste Nahrungspartikel und Sauerstoff werden über eine Öffnung der Mantelspalte am Hinterende (Ingestionsöffnung) eingesaugt und an den Kiemen filtriert; über eine weitere Öffnung (Egestionsöffnung) werden Fäkalien und verbrauchtes Wasser ausgestoßen. Die Kiemen dienen somit der Atmung und der Ernährung. Muscheln besitzen einen beilförmigen, muskulösen Fuß, der aus der klaffenden Schale hervorgestreckt wird, sich in den Grund bohrt, verkürzt und somit das ganze Tier nach vorne ziehen kann. Fluß- und Wandermuscheln sind getrenntgeschlechtlich. In besonderen Bruträumen im Muttertier entwickeln sich die befruchteten Eier zu Larven (Glochidien), die bei Annäherung eines Fisches plötzlich ausgestoßen werden. Mit scharfen Haken und einem klebrigen Faden bewaffnet, beißen sich die Glochidien am Fisch fest und parasitieren, bis ihre Entwicklung abgeschlossen ist. Nach zwei bis drei Monaten lösen sich die fertigen Muscheln ab und sinken zu Boden.

Gewöhnliche Teichmuschel - Anodonta cygnea

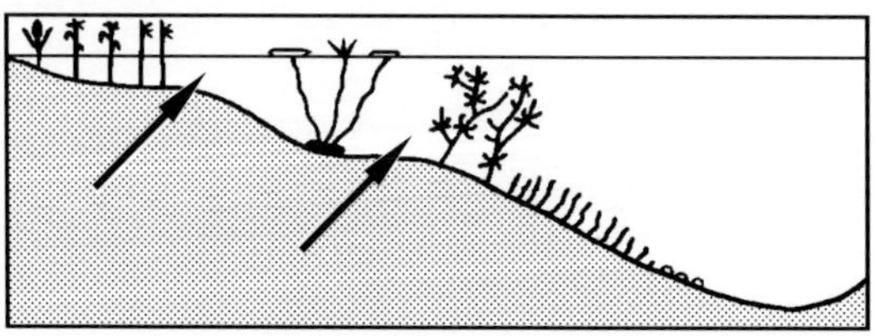

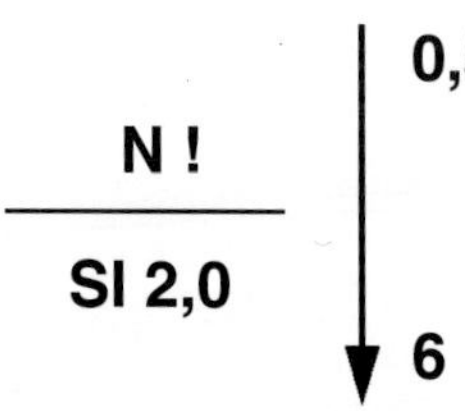

Häufigste Muschel in stehenden Gewässern mit Schlammgrund. Die Schale ist bis zu 20 cm groß, dünnwandig, grünlichbraun bis dunkelbraun gefärbt und innen mit einer kräftigen Perlmuttschicht ausgekleidet. Wichtiges Merkmal der Gattung Anodonta ist das Fehlen der Zähne am Schloßrand. Die Teichmuschel lebt wie die Malermuschel tief im Sediment eingegraben. Sichtbar erscheinen dann nur die am Rand mit Papillen besetzte Einströmöffnung und die eher rundliche Ausströmöffnung.

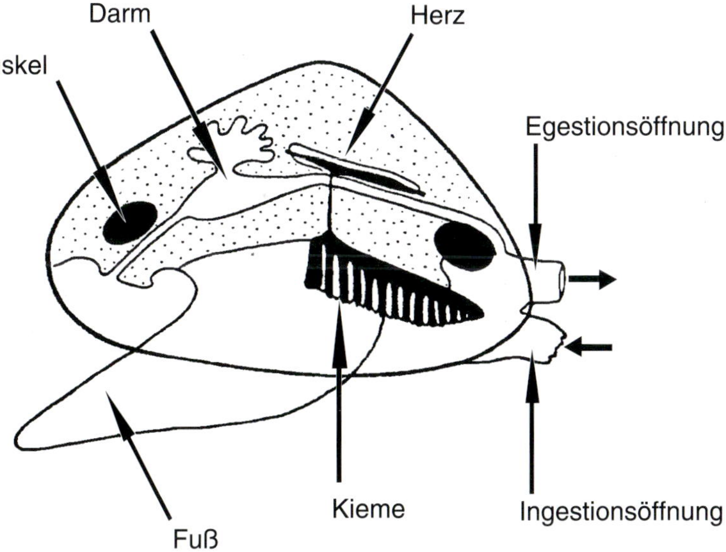

Gewöhnliche Teichmuschel *Anodonta cygnea*

MUSCHELN - BIVALVIA

Malermuschel - Unio pictorum

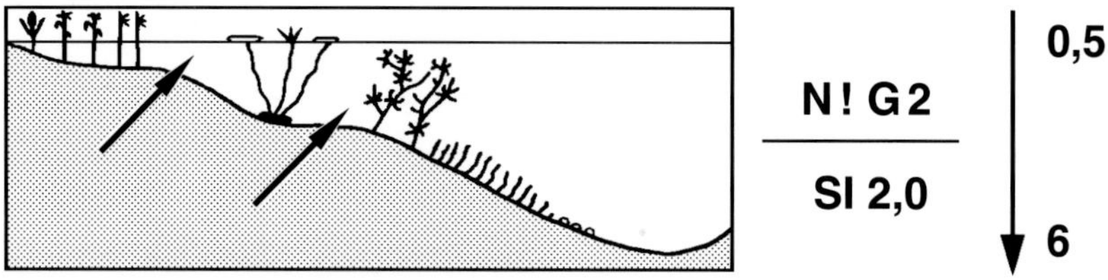

Die Malermuschel ist stellenweise mit der Teichmuschel vergesellschaftet, bevorzugt aber Fließgewässer mit sandig-kiesigem Grund. Die Schale ist dickwandig, zungenförmig, meist grünlichgelb bis gelbbraun und mit dunklen Wachstumsstreifen versehen. Das Schloß besitzt neben hohen Zähnen eine lange Leiste. Diese Art kann ein Alter von zehn Jahren erreichen. Sie dient dem Bitterling als Wirt bei der Eiablage.

Wandermuschel - Dreissena polymorpha

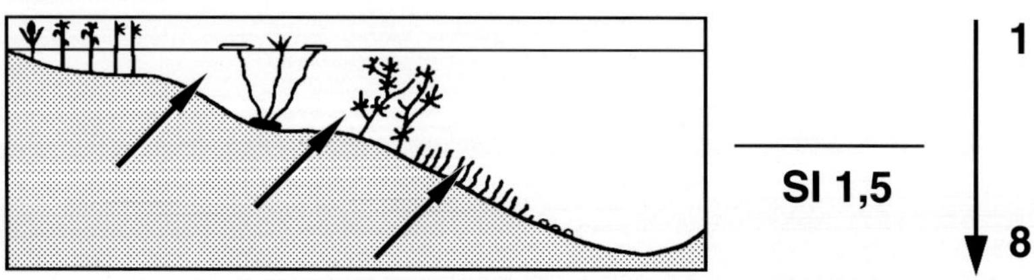

Die Art wird wegen ihrer dreikantigen Schalen auch Dreieckmuschel genannt. Ursprünglich war die kleine Muschel im Bereich der unteren Donau heimisch. Seit etwa 150 Jahren hat sie sich nach Westen ausgebreitet und ist heute in allen größeren Gewässertypen zu finden. Die Wandermuschel ist getrenntgeschlechtlich. Die Entwicklung verläuft über ein freies, acht Tage dauerndes, Larvenstadium. Danach Übergang zum Bodenleben. Die Muscheln scheiden über eine Fußdrüse Sekretfäden (Byssusfäden) aus, die als Haftorgane am Substrat (Steine, Holz, größere Muscheln, Schiffe) dienen.

Malermuschel *Unio pictorum* Insert oben: Ingestions- (l.) und Egestionsöffnung (r.). Insert unten: Dunkle Farbvariante

Wandermuschel *Dreissena polymorpha*

EGEL - HIRUDINEA

Die Egel besitzen einen wurmartigen, segmentierten Körper, der viele Anpassungen an die räuberische Lebensweise zeigt. Vorder- und Hinterende sind zu Saugnäpfen umgebildet. Der vordere Saugnapf dient der Nahrungsaufnahme, der hintere zum Festhalten der Beute. Die Egel können sich einerseits durch wechselweises Anheften spannerartig fortbewegen oder durch Schlängeln des ganzen Körpers Schwimmbewegungen ausführen. Auf Grund unterschiedlicher Methoden der Nahrungsaufnahme werden sie in Rüssel-, Schlund- und Kieferegel unterteilt. Die Rüsselegel haben einen vorstreckbaren Stech- und Saugrüssel. Die Schlundegel verschlingen ihre Beute mit einem muskulösen, dehnbaren Schlund und die Kieferegel saugen Blut, nachdem sie sich mit drei halbmondförmigen Kiefern festgebissen haben. Alle Egel sind Zwitter, die nach gegenseitiger Befruchtung eine Anzahl Eier in einem Kokon oder in Kapseln unter Steinen ablegen. Wichtiges Unterscheidungsmerkmal ist die Anzahl und Stellung der Augen.

Großer Schneckenegel - Glossiphonia complanata

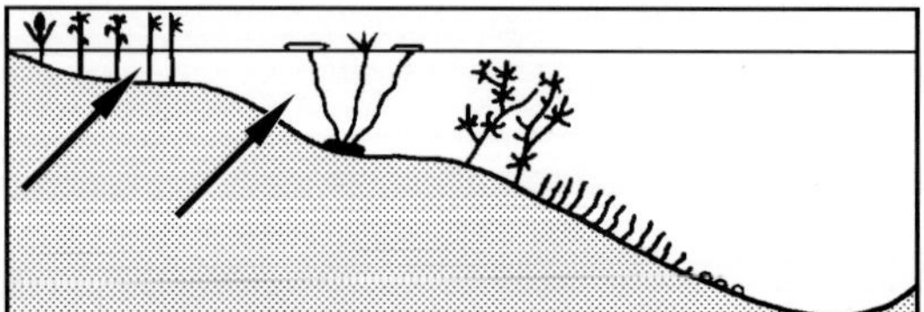

Die Augen des Rüsselegels liegen in drei hintereinander angeordneten Paaren. Der Körper ist knorpelig fest, auffallend flach und durch braune und gelbe Flecken bunt gezeichnet. Die Oberseite trägt sechs Längsreihen hervorstehender Warzen. Die Eikokons werden unter Steinen abgelegt und vom Körper der Mutter bedeckt. Nach einer Woche schlüpfen die Jungen und heften sich an die Bauchseite der Mutter fest, die eine Zeitlang Brutpflege betreibt. Als Nahrung dienen Schnecken, Würmer oder weichhäutige Insektenlarven. Der Große Schneckenegel lebt in steinigen Fließgewässern und Seen.

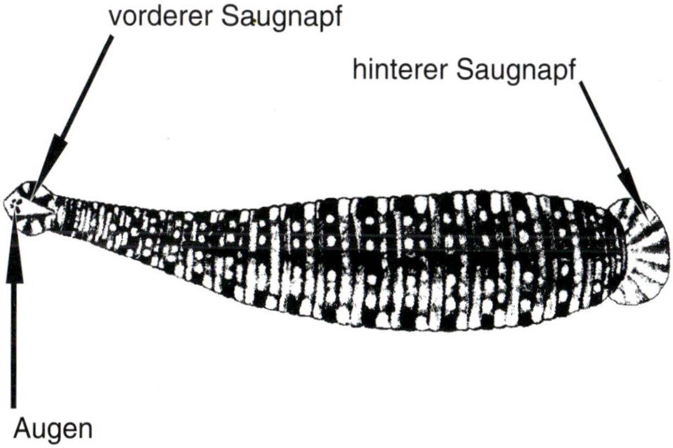

Großer Schneckenegel Glossiphonia complanata

EGEL - HIRUDINEA

Entenegel - Theromyzon tessulatum

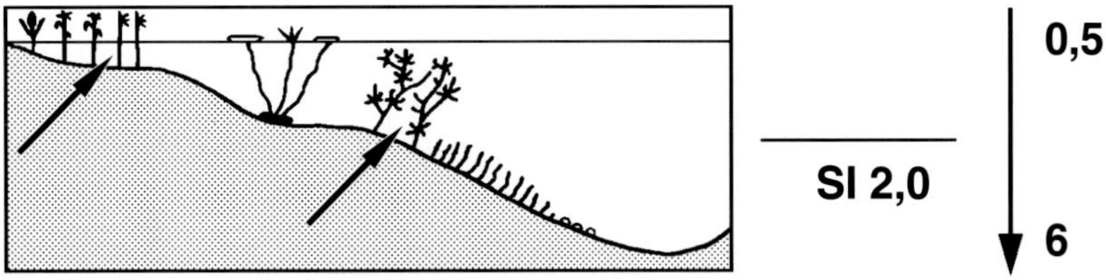

Bis zu 5 cm langer, grünlich bis bräunlich gefärbter Rüsselegel, der mehrere Längsreihen kleiner gelber Flecken trägt. Die Augen sind in vier hintereinander liegenden Paaren angeordnet. Die Art saugt Blut an Wasservögeln, dringt teilweise in den Schnabel oder durch die Nasenlöcher in die Atemwege der Vögel ein. Kurz gestielte birnenförmige Kokons werden unter Steinen befestigt. Der Entenegel bevorzugt stehende Gewässer.

Pferdeegel - Haemopis sanguisuga

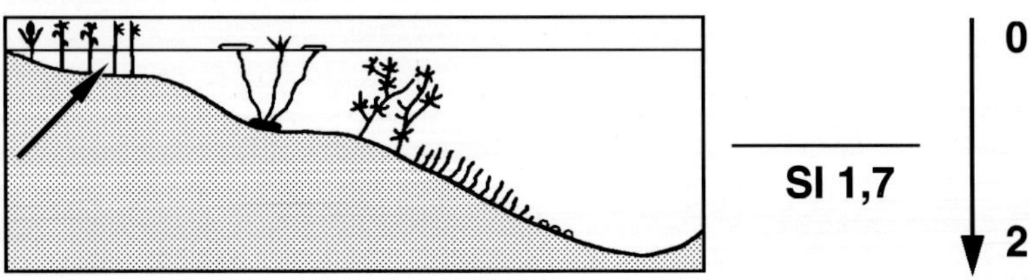

Großer, über 10 cm langer Kieferegel, dessen Bezahnung allerdings so schwach ist, daß er die Beute verschlingen muß. Der Rücken ist einfarbig dunkel, der Bauch dagegen gelbgrau gefärbt. Die Augen sind in fünf Paaren am Kopfseitenrand angeordnet. Der Pferdeegel lebt in stehenden und langsam fließenden Gewässern, die er auch kurzzeitig verlassen kann.

Entenegel Theromyzon tcssulatum

Pferdeegel Haemopis sanguisuga

KREBSTIERE - CRUSTACEA

Die große formenreiche Klasse der Krebstiere beinhaltet unterschiedliche Lebensformen, die an das Leben in nahezu allen aquatischen Systemen angepaßt sind. Viele sind kleine Planktonorganismen, wie die Ruderfußkrebse oder die Wasserflöhe, andere bevorzugen eine festgewachsene Lebensweise, wie die Rankenfußkrebse der Meere (Seepocken). Auf Grund der Kleinheit der meisten Süßwasserbewohner kann nur eine Auswahl der mit bloßem Auge erkennbaren Arten behandelt werden.

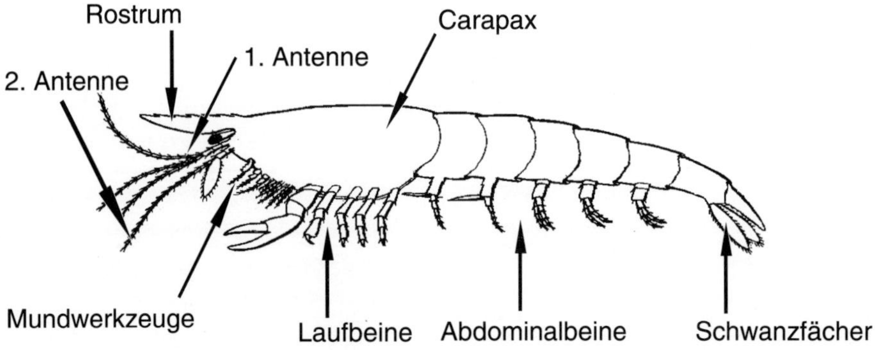

Flohkrebse - Gammarus sp.

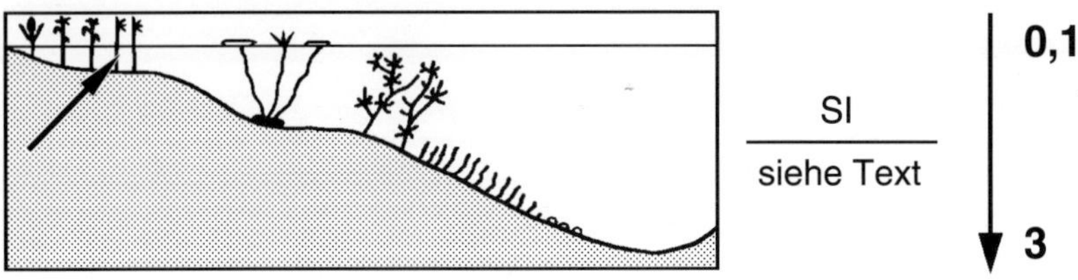

Über 50 schwer unterscheidbare Flohkrebs-Arten mit unterschiedlichen ökologischen Ansprüchen an den Sauerstoffgehalt und die Wasserqualität kommen in Europa vor: Höchste Ansprüche an die Gewässergüte stellt *Gammarus fossarum*. Die Art besiedelt klare Bäche bis zur Quelle (SI 1,3). Anspruchsloser ist der Gewöhnliche Flohkrebs (*G. pulex*). Seine Gewässer sind Flüsse und Seen des Mittelgebirgslandes nördlich der Donau (SI 2). Geringste Ansprüche stellt der Flußflohkrebs (*G. roeseli*), der in Flüssen, Altwassern und Baggerseen vorkommt (SI 2,3). In klaren Quellflüssen der südlichen Oberrheinebene findet man einen Einwanderer aus Südeuropa: *Echinogammarus berilloni*. Die Art ist leicht an den rötlichen Fühlern und den haarigen Auswüchsen an den Segmenten des hinteren Rückenabschnittes zu erkennen.

Gewöhnlicher Flohkrebs Gammarus pulex

Echinogammarus berilloni

KREBSTIERE - CRUSTACEA

Wasserassel - Asellus aquaticus

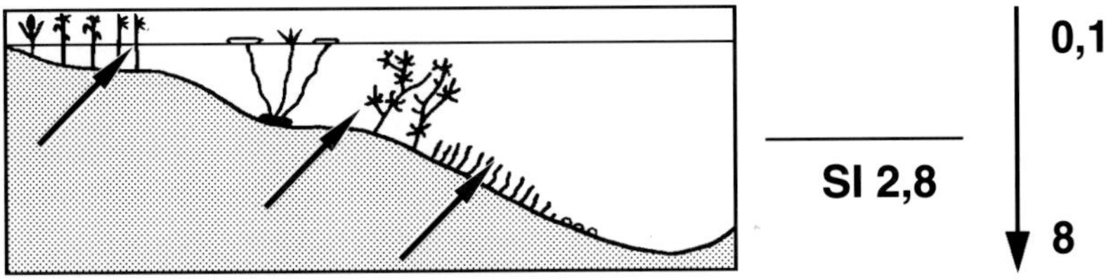

Die Asseln (Isopoda) sind wohl die leistungsfähigste Krebsgruppe, welche hauptsächlich die Meere besiedeln. Einzelne haben das Süßwasser, wenige sogar die Wüsten erobert. Häufigste Art des Süßwassers ist die Wasserassel. Sie besiedelt die Böden fast aller Gewässertypen, in denen genügend organisches Material, vorzugsweise Fallaub, vorhanden ist. Häufig beobachtet man Pärchen bei der Vorpaarung. Dabei “reitet” das Männchen acht Tage lang auf dem kleineren Weibchen bis zur eigentlichen Paarung. Die geschlüpften Jungen verbleiben in einer Bruttasche des Weibchens, bis sie ausgewachsen sind.

Süßwassergarnele - Atyaephyra desmarestii

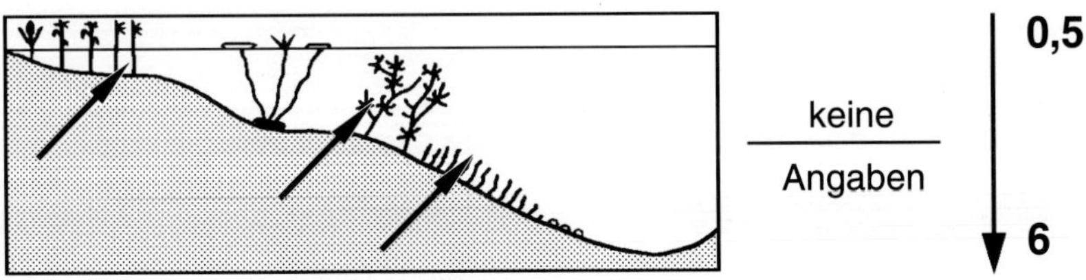

In Aussehen und Bau gleichen diese bis zu 3 cm großen Tiere den Garnelen der Meere. Sie besitzen ein nahezu transparentes Außenskelett, das abgeplattet ist. An der Stirn entspringt ein langer, mit 20 beweglichen Stacheln besetzter Dorn (Rostrum). Die Süßwassergarnele war ursprünglich im Mittelmeergebiet beheimatet, wurde dann aber nach Mitteleuropa eingeschleppt. Heute ist sie in Deutschland, Frankreich, Belgien und Holland verbreitet. Ihre Gewässer sind die großen Flüsse, Kanäle und Seen. Die Nahrung besteht aus Algen, Kieselalgen und Kleinkrebsen.

Wasserassel   Asellus aquaticus

Süßwassergarnele   Atyaephyra desmarestii

KREBSTIERE - CRUSTACEA

Amerikanischer Flußkrebs - Orconectes limosus

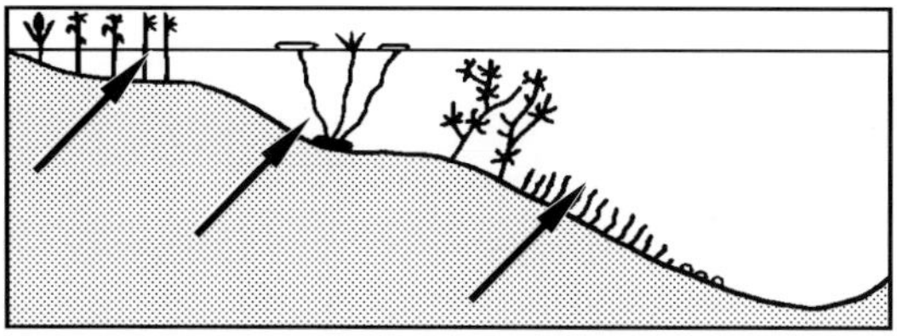

keine / Angaben

1 – nachtaktiv – 6

Erkennungsmerkmal sind die rötlichen Querbinden auf der Oberseite der Hinterleibsringe. Die Art gehört zu den überwiegend im Meer lebenden Zehnfußkrebsen (Decapoda). Sie besitzen fünf Laufbeinpaare, wobei das vorderste zu kräftigen Scheren umgebildet ist. Fünf Paar Abdominalbeine am beweglichen Hinterleib werden beim Schwimmen eingesetzt und dienen dem Weibchen zum Festhalten der Eier. Der Hinterleib endet in dem Schwanzfächer, der dem Rückwärtsschwimmen dient. Anders als der Edelkrebs reagiert der Amerikanische Flußkrebs bei Gefahr nicht mit Angriff oder Flucht, sondern mit einer Schreckstellung, bei der der Schwanz gegen die Körperunterseite eingeschlagen und mit den Beinen gehalten wird. Die ursprünglich aus Nordamerika stammende Art wurde 1890 in Deutschland eingebürgert, da der heimische Edelkrebs durch die Krebspest (Erreger ist ein Pilz) stark dezimiert wurde. Heute findet man ihn in vielen stehenden und fließenden Gewässern mit z.T. geringer Wasserqualität.

Edelkrebs - Astacus astacus

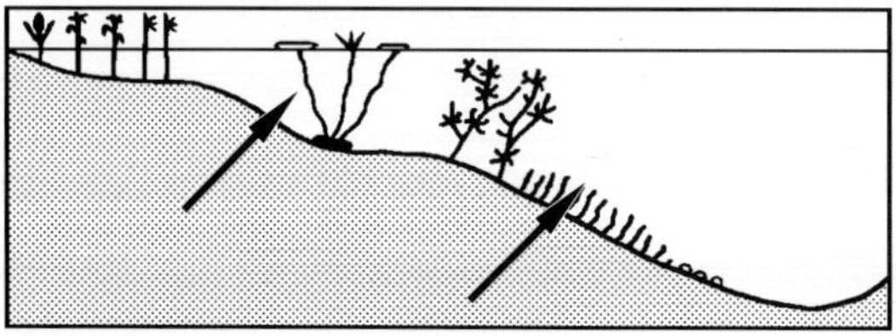

N ! G 1 / SI 1,0

1 – nachtaktiv – 6

Der Edelkrebs ist in Süßgewässern der größte Vetreter der zehnfüßigen Krebse. Die Weibchen werden bis zu 15 cm, die Männchen bis zu 18 cm (selten bis 25 cm) lang. Der Carapax, die einheitliche Rückenplatte von Kopf und Thorax, ist im Vergleich zu der des Amerikanischen Flußkrebses breiter und weniger bedornt. Bevorzugter Lebensraum der Edelkrebse stellen saubere pflanzenreiche Seen und sauerstoffreiche Fließgewässer bis in die Forellenregion dar.

Amerikanischer Flußkrebs Orconectes limosus

Edelkrebs Astacus astacus

EINTAGSFLIEGENLARVEN - EPHEMEROPTERA

Die durchweg wasserbewohnenden Eintagsfliegenlarven sind an den seitlichen Hinterleibskiemenbüscheln und an den drei Schwanzfäden (Cerci) zu erkennen. Sie bewohnen stehende bis schnell fließende Gewässer, in denen sie besondere Anpassungen an die Wasserströmung aufweisen. Die lichtscheuen Larven sitzen mit ihrem stark abgeplatteten Körper an der Unterseite von Steinen oder Holz, wobei die Schwanzfäden als zusätzliche Haftorgane dienen. Die Nahrung besteht aus Algen und Detritus. Erwachsene Eintagsfliegen haben eine sehr kurze Lebensdauer. Nahrungsaufnahme ist nicht möglich, da ihre Mundwerkzeuge rückgebildet sind. Nach der Kopulation und der Eiablage sterben sie ab. Die Eier werden bei einigen Arten direkt ins Wasser abgegeben oder bei bachbewohnenden Arten an Steine geklebt.

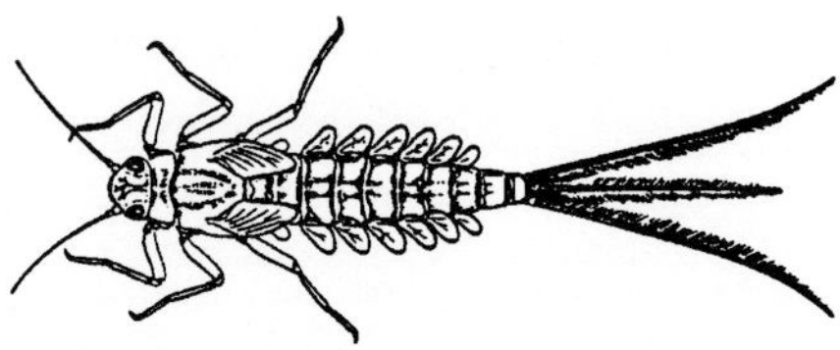

Ecdyonurus venosus
Heptagenia sulphurea

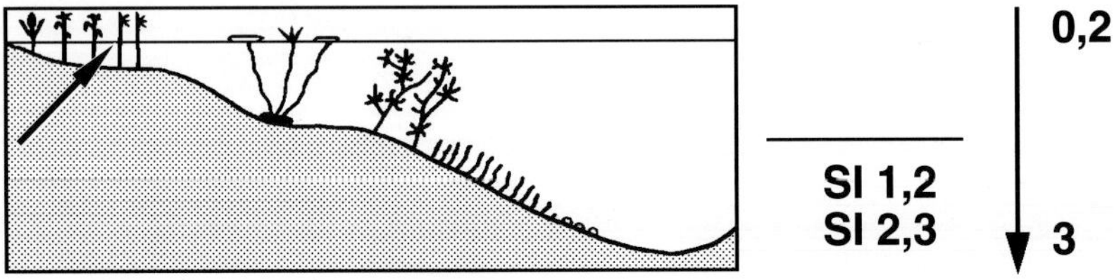

Ecdyonurus venosus ist eine häufige Art in Bächen des Tieflandes und der Gebirge. Die Gattung ist an den seitlichen Verlängerungen der Vorderbrust zu erkennen. Die Schwanzfäden sind auffällig weit abgespreizt. Die Kiemenbüschel des Hinterleibes werden von ovalen Blättchen überdeckt.
Die Larve von *Heptagenia sulphurea* ähnelt denen der Ecdyonurus- Arten, besitzt allerdings keine verlängerten Seitenlappen an der Vorderbrust und stellt geringe Ansprüche an die Wasserqualität. Färbung sehr variabel. Sie kommt in größeren Fließgewässern und in der Uferzone sauberer Seen vor.

Ecdyonurus venosus

Heptagenia sulphurea

LIBELLEN - ODONATA

Libellenlarven sind typische Wasserbewohner. Allen gemein ist der Besitz der "Fangmaske", einer Umbildung der Unterlippe, die der räuberischen Ernährungsweise dient. In Ruhestellung an der Unterseite des Kopfes eingeklappt, kann diese Waffe blitzartig vorgestoßen werden und Beutetiere (Wasserinsekten, Würmer, Amphibienlarven, Fischbrut) erfassen. Ein weiteres Merkmal sind die der Atmung dienenden dünnhäutigen Tracheenkiemen in der Enddarmwand. Die Libellen werden in Kleinlibellen (Zygoptera) und Großlibellen (Anisoptera) unterteilt. Für die schlanken Larven der Kleinlibellen ist der Besitz dreier blattartiger Hinterleibsanhänge charakteristisch. Diese dienen als Ruderorgan und als Tracheenkiemen zusätzlich der Atmung. Die breitgebauten Larven der Großlibellen besitzen fünf kurze Dornen als Hinterleibsanhänge. Ihre Atmung wird durch den Besitz mehrerer tausend Tracheenkiemen im Enddarm sichergestellt. Darüber hinaus sind sie in der Lage mit der Hinterleibsspitze über der Wasseroberfläche Luft aufzunehmen. Das im Enddarm befindliche Atemwasser kann schnell ausgestoßen werden und führt zu einer raketenartigen Vorwärtsbewegung. Die Eiablage, kurz nach der Begattung, erfolgt bei den Kleinlibellen in Pflanzenteile, bei den Großlibellen direkt ins Wasser. Die Larven durchleben je nach Art 9 - 15 Stadien und verweilen bis zu fünf Jahren im Gewässer.

Federlibelle - Platycnemis pennipes

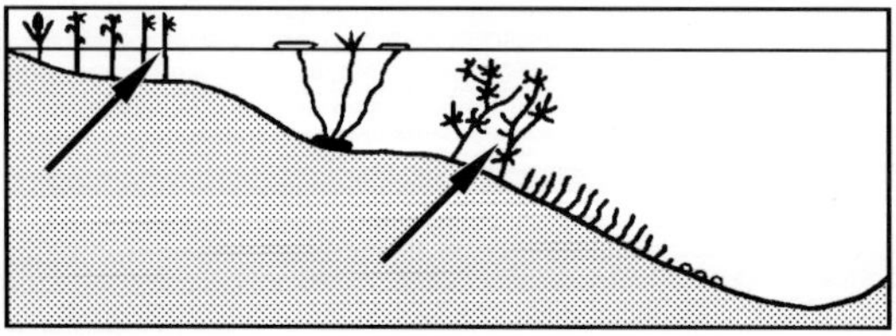

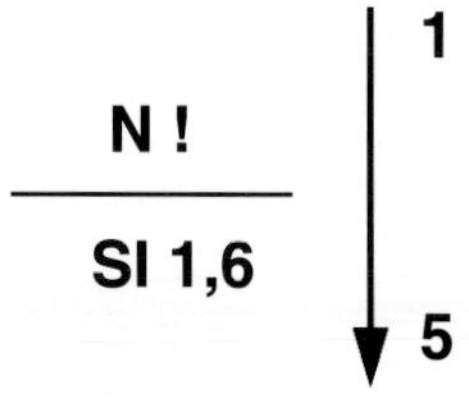

Kleinlibellenlarve, deren Kiemenblättchen fadenförmig verlängert, dunkel gefleckt und am Rand behaart sind. Die Beine sind dunkel geringelt. Diese Art findet man häufig unter Steinen und Holz am Grund von pflanzenreichen Teichen, Seen, Gräben und Flüssen. Die Entwicklung dauert ein Jahr, wobei das letzte Larvenstadium überwintert.

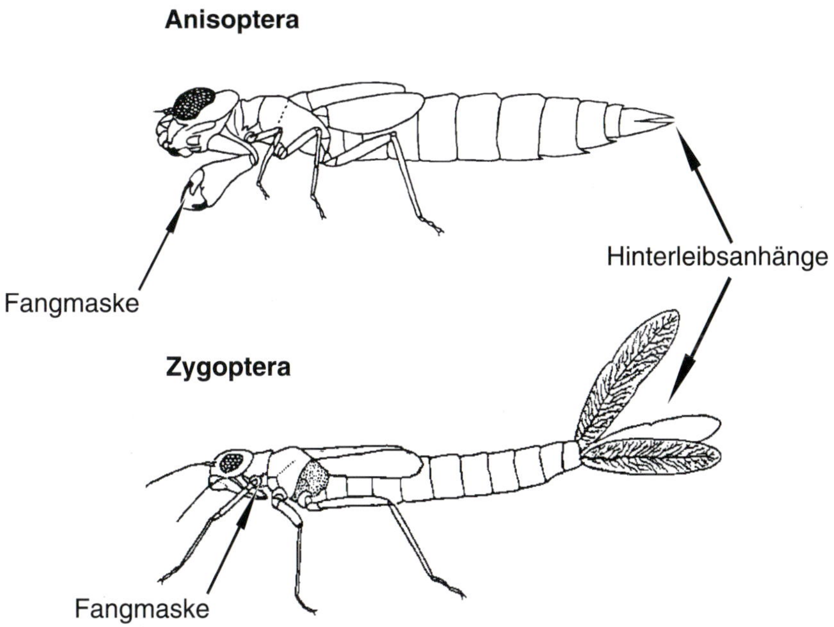

Federlibelle Platycnemis pennipes

LIBELLEN - ODONATA

Große Königslibelle - Anax imperator

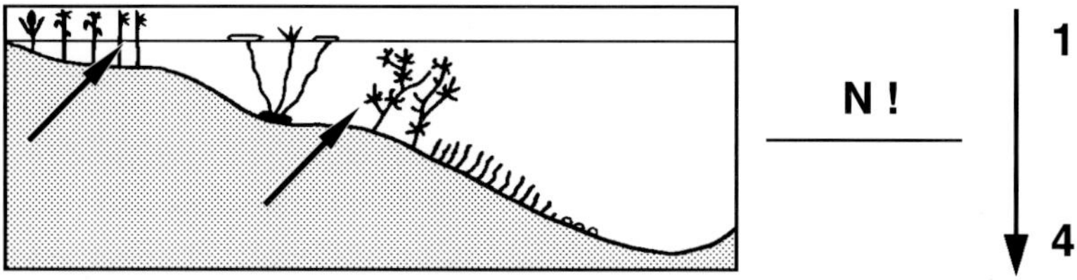

Diese zigarrenförmige Großlibellenlarve kann eine Länge bis zu 55 mm erreichen. An den Hinterleibssegmenten 7 - 9 befinden sich Seitendornen. Die Färbung variiert von dunkelbraun bis grünlich. Ihr Lebensraum umfaßt pflanzenreiche Teiche und Seen. Die Art meidet Kleinstgewässer.

WANZEN - HETEROPTERA

Innerhalb der großen Ordnung der Wanzen gibt es einige wasserlebende Familien, die unter dem Oberbegriff Wasserwanzen zusammengefaßt werden. Dazu zählen die Wasserläufer, die ausschließlich auf der Wasseroberfläche leben, aber auch die Schwimmwanzen, Skorpionswanzen, Ruderwanzen und Rückenschwimmer, die ihren gesamten Lebensverlauf untergetaucht verbringen. Allen gemein sind folgende Merkmale: Sie besitzen kein Puppenstadium, die Mundwerkzeuge sind zu einem Stechrüssel umgebildet, mit dem die Beute ausgesaugt wird, die Vorderflügel sind nur basal chitinisiert, während das Endteil häutig bleibt.

Schwimmwanze - Ilyocoris cimicoides

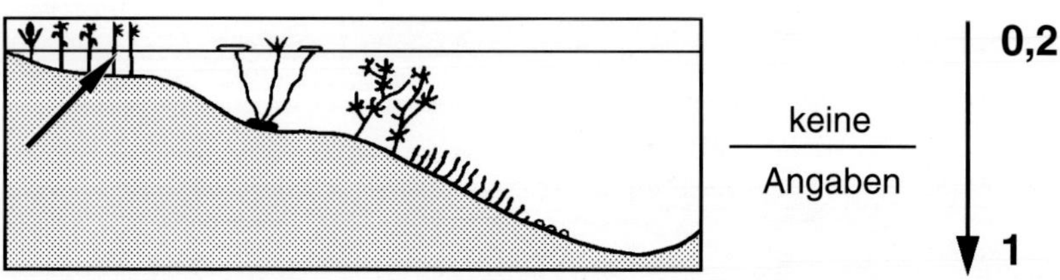

Kennzeichen sind der kurze abgeflachte Körper und die zu klappmesserartigen Klauen umgewandelten Vorderbeine. Die Färbung variiert von grünlich bis bräunlich. Die Schwimmwanze wird oft übersehen, kann aber in der dichten Vegetation von Stillgewässern häufig gefunden werden.

Große Königslibelle   Anax imperator   Insert: Großlibellenlarve

Schwimmwanze   Ilyocoris cimicoides

WANZEN - HETEROPTERA

Stabwanze - Ranatra linearis

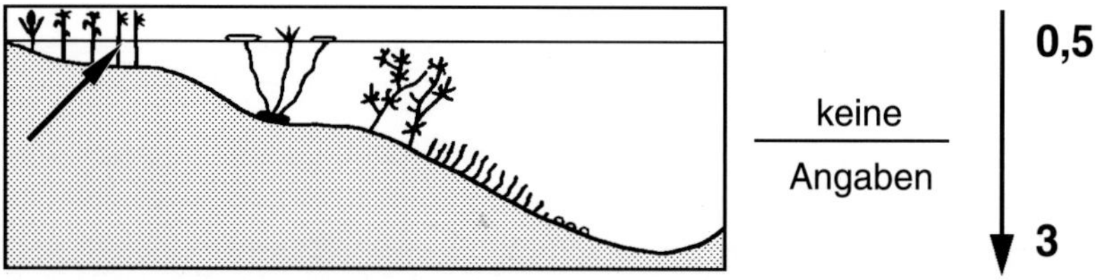

Skorpionswanze, die mit den zu Fangbeinen umgewandelten Vorderbeinen stark an eine Gottesanbeterin erinnert. Genauso reglos verharrt dieser schilfstengelähnliche Räuber gut getarnt im Pflanzengewirr, um mit den klappmesserartigen Fangbeinen die Beute zu schlagen. Die 3 - 4 cm langen Tiere besitzen ein ebensolanges Atemrohr, mit dem atmosphärische Luft eingeatmet werden kann. Der Lebensraum sind Weiher und Teiche, seltener Seen, mit Schilfröhricht. Die Nahrung besteht überwiegend aus Insektenlarven, Kaulquappen und Fischbrut.

Stabwanze   Ranatra linearis ➡

WANZEN - HETEROPTERA

Rückenschwimmer - Notonecta glauca

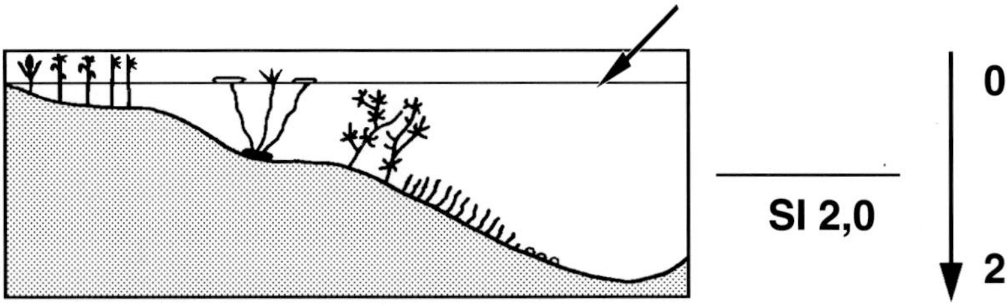

Der Rückenschwimmer speichert an der Bauchseite Luft, die mit der Hinterleibsspitze an der Wasseroberfläche aufgenommen wird. Dadurch erfährt die Bauchseite Auftrieb, so daß die Tiere auf dem Rücken schwimmen. Der Körper ist langgestreckt, etwa 14 - 16 mm lang, die Flügel sind gelblich bis rötlichbraun gefärbt. Als Räuber erbeutet der Rückenschwimmer Insektenlarven, Kaulquappen oder auf die Wasseroberfläche gefallene Tiere. Sein Stich ist für den Menschen schmerzhaft ("Wasserbiene"). Rückenschwimmer sind gute Flieger, die direkt von der Wasseroberfläche starten können. Häufig in stehenden und langsam fließenden Gewässern.

KÄFER - COLEOPTERA

Unter dem Oberbegriff Wasserkäfer faßt man eine Reihe von Käfern zusammen, die zahlreiche Anpassungen an das Wasserleben zeigen. Bei den Schwimmkäfern (Dytiscidae) ist der Körper meistens flach und kahnförmig. Die Oberfläch ist glatt, ohne Kanten und Absätze, die einen erhöhten Wasserwiderstand bieten könnten. Die erschwerte Fortbewegung wird durch kräftige Beinmuskulatur und breite Ruderflächen der Beine ausgeglichen. Die Beine schlagen wie Ruder gleichzeitig zusammen, so daß eine schnelle Forwärtsbewegung entsteht. Wasserkäfer müssen zur Atmung an die Wasseroberfläche. Einige Arten, wie Gaukler (*Cybister lateralimarginalis*) oder Gelbrand (*Dytiscus marginalis*), hängen sich mit der Hinterleibsspitze und den Hinterbeinen an die Wasseroberfläche und lassen Luft zwischen Flügeldecken und Hinterleib einströmen. Dieser Luftvorrat wird unter Wasser mitgenommen und durch Atemöffnungen in das Körperinnere aufgenommen. Nach der Begattung erfolgt die Eiablage in Wasserpflanzen. Die Larven (3 Stadien) ernähren sich räuberisch, zunächst von Insektenlarven und Wasserasseln, später von Kaulquappen und kleinen Fischen. Die Erwachsenen sind Lauerräuber, die jedes Tier fressen, das sie überwältigen können.

Rückenschwimmer   Notonecta glauca

Gaukler   Cybister lateralimarginalis   Insert: Schwimmkäferlarve

KÖCHERFLIEGENLARVEN - TRICHOPTERA

Die raupenförmigen Köcherfliegenlarven leben nahezu alle im Wasser. Sie besitzen drei Paar Brustbeine, zwei Nachschieber am Hinterleib und Tracheenkiemen, die je nach Art in Rücken-, Seiten- und Bauchreihen, einzeln oder in Büscheln am Hinterleib sitzen. Der weiche, ungeschützte Körper wird bei vielen Arten in einem Köcher verborgen. Grundlage dieses Gebildes ist ein Seidengespinst, welches von einer Spinndrüse produziert wird. Die Seidenröhre wird durch angeklebte Pflanzenteile, Steinchen, Sandkörner, Muschel- und Schneckenschalen verstärkt. Der Köcher wird freiwillig nie verlassen, auch bei Häutungen verbleibt die Larve darin. Im Verlauf der Larvenentwicklung wird der Köcher ständig von vorn vergrößert. Der Baustil läßt häufig eine Artbestimmung zu. Der benutzte Baustoff läßt dagegen höchstens auf die Familienzugehörigkeit schließen. Köcherfliegenlarven kann man in zwei Gruppen einteilen: Larven mit Köcher, deren Kopf- und Körperachse einen rechten Winkel bilden (eruciforme Larven) und Larven ohne Köcher, deren Kopfachse in Verlängerung des meist abgeflachten Körpers steht (campodeïde Larven). Diese bauen oft trichterförmige Fangnetze, deren Öffnung gegen die Strömung gerichtet wird.

Rhyacophila sp.

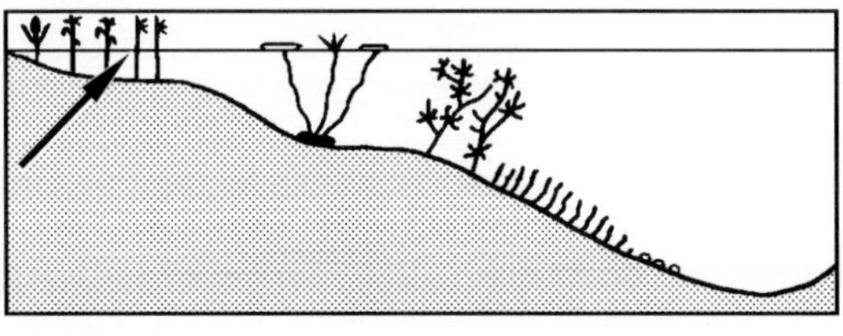

keine
Angaben

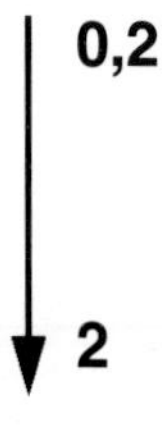

Freilebende Larve, die weder Köcher noch Netze baut. Der Körper ist weichhäutig, nur das erste Brustsegment ist verhornt. Der Hinterleib ist seitlich mit dichten Kiemenbüscheln besetzt und trägt zwei lange klauenartige Nachschieber. Die Gattung umfaßt 20 schwer unterscheidbare Arten, die vor allem in steinigen Fließgewässern der Gebirge vorkommen. Sie leben räuberisch von Insekten und anderen Wassertieren. Zur Verpuppung werden Gehäuse aus Steinchen fest an den Gewässergrund gebaut.

eruciforme Larve

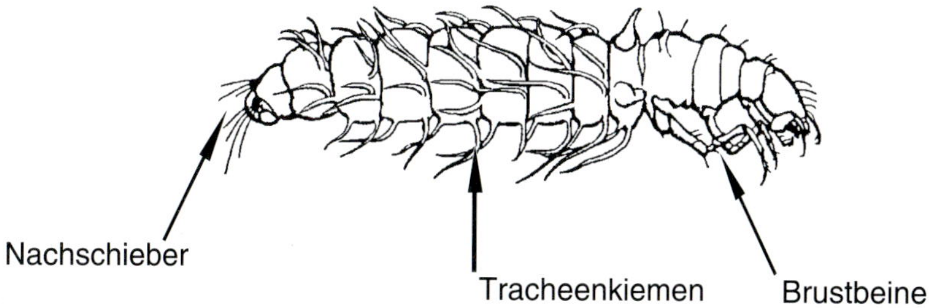

Imago

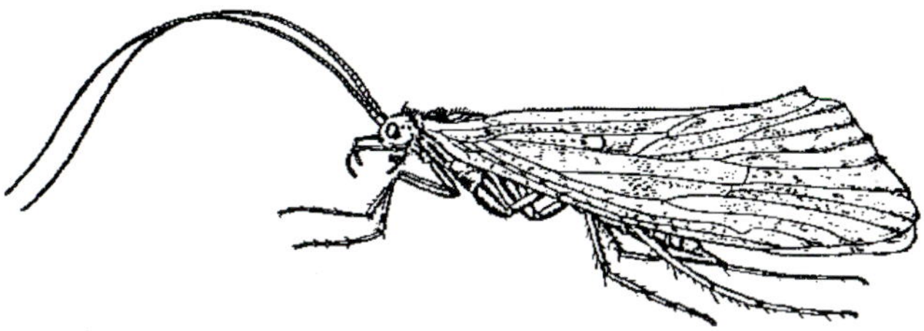

Rhyacophila sp.

KÖCHERFLIEGENLARVEN - TRICHOPTERA

Hydropsyche contubernalis

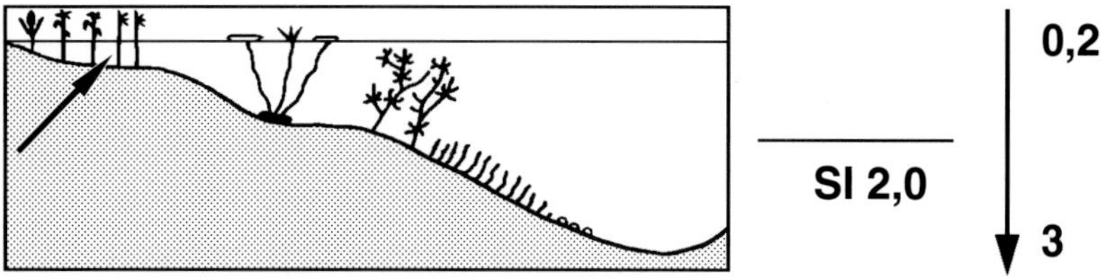

Campodeïde Larve, die sich in einem röhrenförmigen Gespinst zwischen Steinen oder Wasserpflanzen aufhält. Vor dieser Röhre ist ein feinmaschiges Fangnetz gespannt. Die Larve kommt hin und wieder aus der Röhre heraus, um die im Netz gefangene Beute zu fressen. Alle drei Brustsegmente der Larve sind dunkelbraun verhornt. Der Hinterleib trägt bauchwärts gerichtete Kiemenbüschel. Die Larven befinden sich in Fließgewässern der Ebene und der Mittelgebirge.

Phryganea grandis

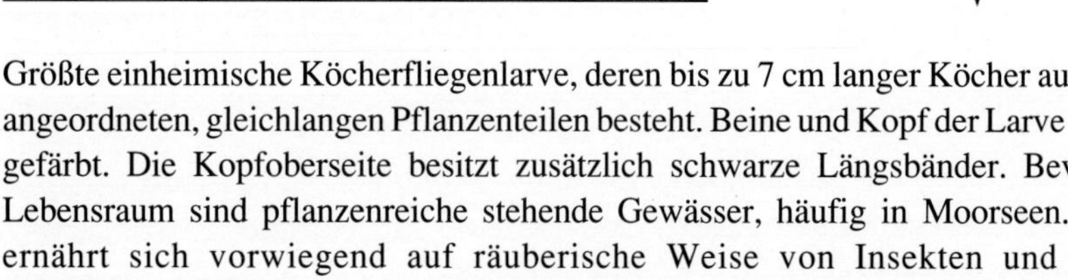

Größte einheimische Köcherfliegenlarve, deren bis zu 7 cm langer Köcher aus spiralig angeordneten, gleichlangen Pflanzenteilen besteht. Beine und Kopf der Larve sind gelb gefärbt. Die Kopfoberseite besitzt zusätzlich schwarze Längsbänder. Bevorzugter Lebensraum sind pflanzenreiche stehende Gewässer, häufig in Moorseen. Die Art ernährt sich vorwiegend auf räuberische Weise von Insekten und anderen Köcherfliegenlarven.

Hydropsyche contubernalis

Phryganea grandis

KÖCHERFLIEGENLARVEN - TRICHOPTERA

Mystacides sp.

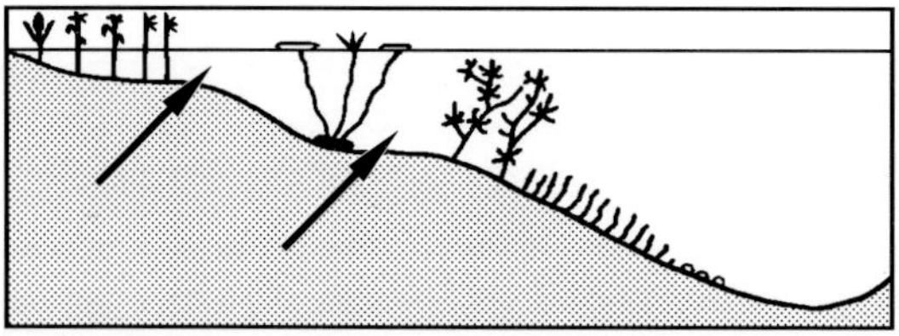

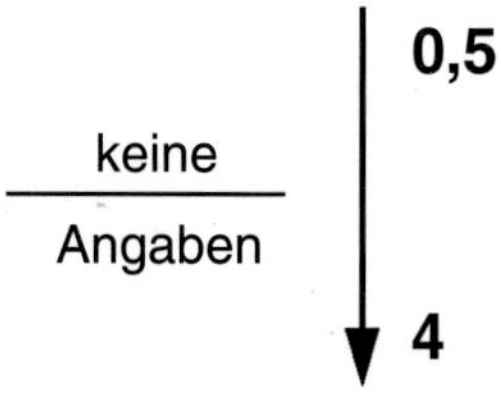

Häufig findet man am Gewässergrund unter Steinen kleine dünne, aus Sandkörnern geformte Köcher, die den Larven der Gattung Mystacides gehören. Typischer Lebensraum der Larven sind größere Baggerseen, Voralpenseen und langsam fließende Gewässer.

Mystacides sp.

Eigelege einer Köcherfliege

FISCHE - OSTEICHTHYES

Die Mehrzahl unserer heimischen Fische gehört der Klasse der Knochenfische (Osteichthyes) an, die sich durch die Ausbildung von Knochen im Skelett von den Knorpelfischen (Haie und Rochen) und den Kieferlosen (z.B. Neunaugen) unterscheiden. Wichtige Kennzeichen sind die Schwimmblase, welche primär eine Ausstülpung des Vorderdarms darstellt, und der Besitz von Kiemendeckeln. Die äußere Gestalt des Fischkörpers ist sehr unterschiedlich und als Anpassung an verschiedene Lebensräume zu sehen: Seitlich zusammengedrückt und hochrückig sind Arten, die sich zwischen Pflanzen der Uferzone bewegen (Brachse). Abplattungen des Körpers und des Kopfes werden bei Bodenfischen strömender Gewässer (Groppe, Wels, Quappe) beobachtet. Andere Bodenfische, die sich zwischen Steinen und Astwerk bewegen, besitzen einen schlangenartig gestreckten Körper (Aal). Die Schwimmblase, das Tarierorgan der Fische, ist bei einigen Arten zeitlebens durch einen Gang mit dem Vorderdarm verbunden (sogenannte Physostomen, wie Karpfen, Hecht, Forelle). Durch ihn kann Luft aufgenommen und abgegeben werden. Viele Arten reduzieren diesen Gang (sogenannte Physoclisten, wie Flußbarsch, Stichling, Quappe). Die Atmung erfolgt über Kiemen, die als blutreiche Häutchen in zwei Reihen auf vier knöchernen Kiemenbögen sitzen. Sauerstoffreiches, geschlucktes Wasser wird permanent durch die Kiemenspalten nach außen transportiert und somit an den Kiemenblättchen, wo der Gasaustausch stattfindet, vorbeigeführt. Bei der Fortpflanzung geben die Weibchen (Rogner) die Eier ins Wasser ab, die anschließend von den Männchen (Milchner) besamt werden. Die Seitenlinie ist ein besonderes Sinnesorgan der Fische, welches als Ferntastsinn Druckänderungen wahrnehmen kann. Zur Artbestimmung sind Besitz und Form der Schuppen, Stellung und Form der Flossen sowie das Farbkleid wichtig.

LACHSE - SALMONIDAE

Bachsaibling - Salvelinus fontinalis

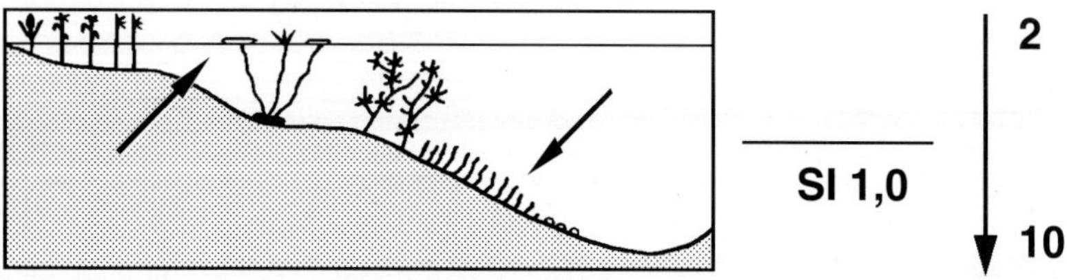

Diese Art stammt ursprünglich aus Nordamerika und wurde seit 1884 in Gewässern ausgesetzt, die für Forellen ungeeignet waren. Im Aussehen ähnelt der Bachsaibling dem verwandten Seesaibling. Unterscheidungsmerkmal ist dessen gedrungenere Form und eine Maulspalte, die bis hinter die Augen reicht. Bachsaiblinge leben in schnell fließenden Bächen bis zur Quellregion und ernähren sich wie Forellen von Insektenlarven, Kleinkrebsen und kleinen Fischen.

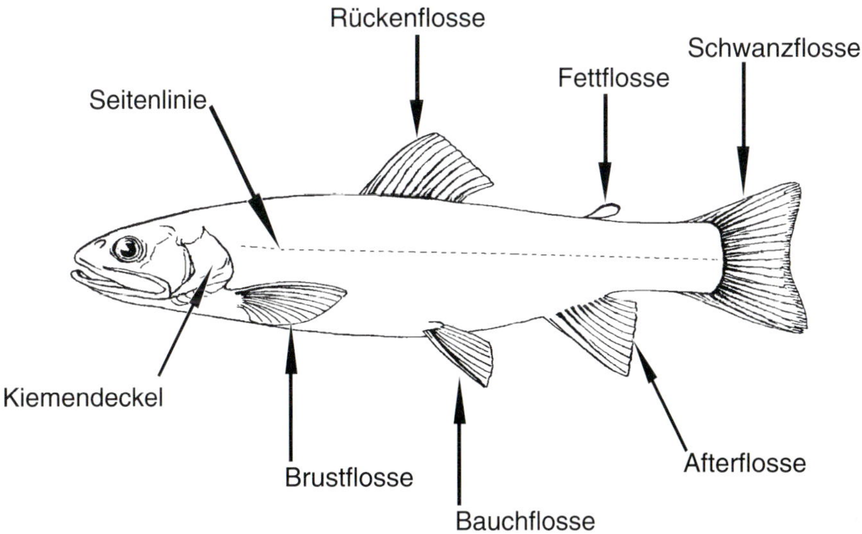

Bachsaibling Salvelinus fontinalis

LACHSE - SALMONIDAE

Seesaibling - Salvelinus alpinus salvelinus

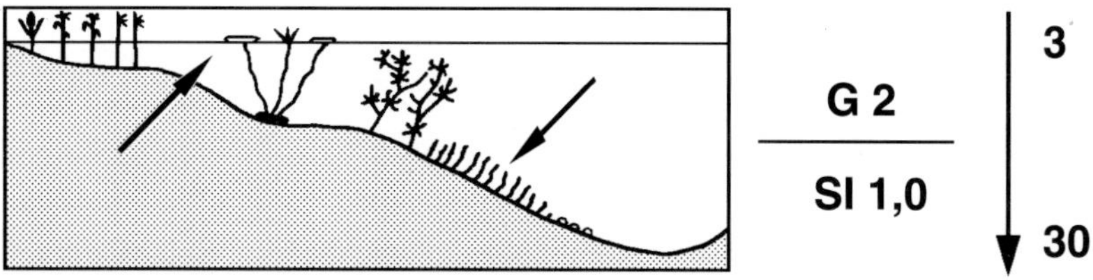

Dieser Fisch ist eine stationär gewordene Unterart des Wandersaiblings, der zur Laichzeit vom Meer ins Süßwasser wandert. Die Seesaiblinge sind zeitlebens an einen geeigneten See gebunden und laichen dort im Uferbereich oder in der Tiefe ab. Zur Laichzeit (Oktober - März) sind die Männchen auffallend bunt gefärbt. Bauchseite, After- und Bauchflossen sind orange bis rötlich gefärbt und der Flossensaum unterseits weiß gerandet. Das Paarungsverhalten vollzieht sich oft in großen Schwärmen, wobei einzelne reviertreue Männchen mit abgespreizten Flossen um die Weibchen werben und aggressiv auf die Annäherung von Rivalen reagieren. Die Seesaiblinge findet man in den klaren und kalten Alpenseen.

Bachforelle - Salmo trutta fario

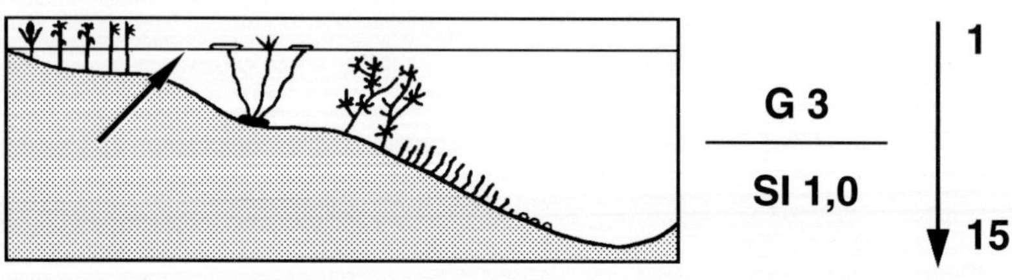

Vorkommen der Bachforelle charakterisieren eine bestimmte ökologische Flußzone mit kaltem und sauerstoffreichem Wasser, die Forellenregion genannt wird. Der Gewässergrund ist schlammfrei und besteht aus Kies und Geröll. Wegen ihrer hohen Ansprüche ist die Art durch Eutrophierung und Gewässerversauerung stark gefährdet. Erkennungsmerkmale sind die hell gesäumten, roten Punkte auf den Flanken und die rotgerandete Fettflosse. Die Nahrung besteht überwiegend aus Bachflohkrebsen und Insektenlarven. Außerdem erbeutet sie Fluginsekten, die dicht über der Wasseroberfläche fliegen. Laichzeit ist von Oktober bis Januar.

Seesaibling Salvelinus alpinus salvelinus

Bachforelle Salmo trutta fario

LACHSE - SALMONIDAE

Regenbogenforelle - Salmo gairdneri

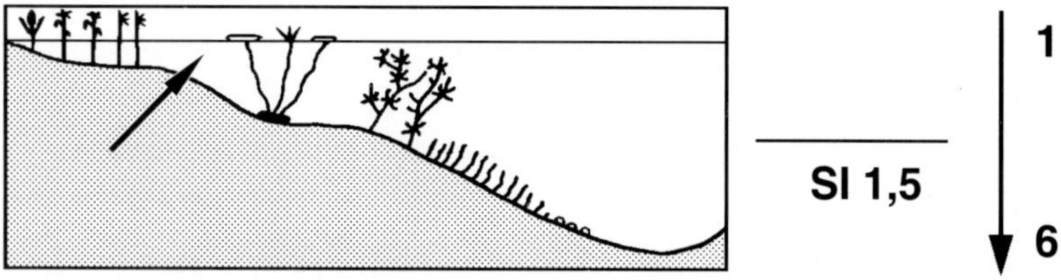

Im Jahr 1882 aus Nordamerika nach Europa eingeführt, entwickelte sich diese Art zu einem bedeutenden Wirtschaftsfisch. Die Regenbogenforelle ist im Gegensatz zur einheimischen Bachforelle wesentlich toleranter gegenüber niedrigem Sauerstoffgehalt und höherer Wassertemperatur. Besatzmaßnahmen und aus Zuchtanlagen entwichene Tiere führten zu einer erfolgreichen Einbürgerung der Regenbogenforelle in heimischen Gewässern. Unterscheidungsmerkmale zur ähnlichen Bachforelle sind ein rosafarbenes Band auf den Körperseiten und zahlreiche dunkle Flecken auf dem Körper und den Flossen.

Regenbogenforelle Salmo gairdneri ➡

WEIẞFISCHE - CYPRINIDAE

Rotauge, Plötze - Rutilus rutilus

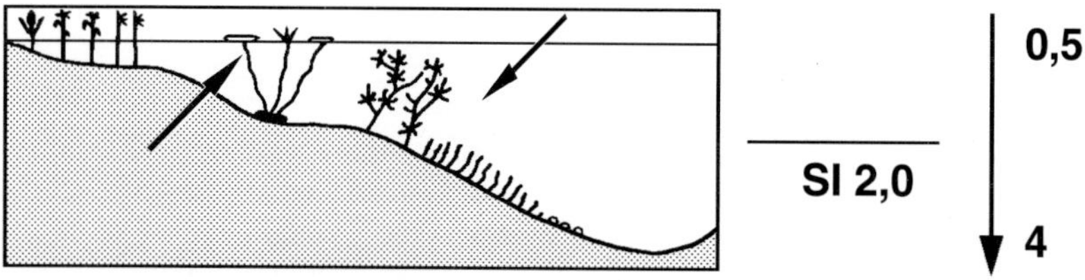

Bis zu 40 cm langer Schwarmfisch mit seitlich zusammengedrücktem Körper, schlank und spindelförmig, manchmal auch hochrückig. Wichtiges Merkmal zur Unterscheidung von der ähnlichen Rotfeder ist die Stellung der Rückenflosse, deren Vorderansatz senkrecht über dem der Bauchflosse liegt. Häufig beobachtet man große Schwärme von Rotaugen in der Freiwasserzone. Der Schwarm bietet dem Einzeltier Schutz vor dem Hecht und vor großen Flußbarschen. Junge Rotaugen ernähren sich von Plankton und Algen, später von Würmern, Krebsen und Insektenlarven. In raubfischfreien Gewässern sind oft Massenvermehrung und Zwergwuchs zu beobachten.

Rotfeder - Scardinius erythrophthalmus

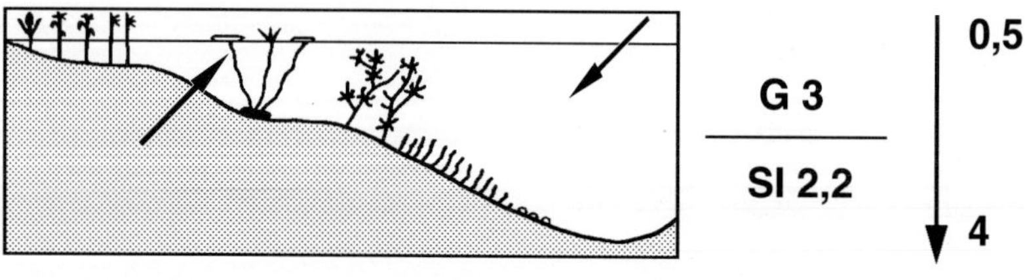

Die Rotfeder besitzt einen hochrückigen, seitlich abgeplatteten Körper mit auffällig hellrot gefärbten Flossen. Bevorzugter Lebensraum dieses Schwarmfisches sind stehende und langsam fließende Gewässer mit ausgeprägten Pflanzenbeständen in der Uferzone. Die Nahrung besteht überwiegend aus Wirbellosen, Plankton und zartblättrigen Wasserpflanzen.

Rotauge, Plötze Rutilus rutilus

Rotfeder Scardinius erythrophthalmus

WEIßFISCHE - CYPRINIDAE

Brachsen, Brassen, Blei - Abramis brama

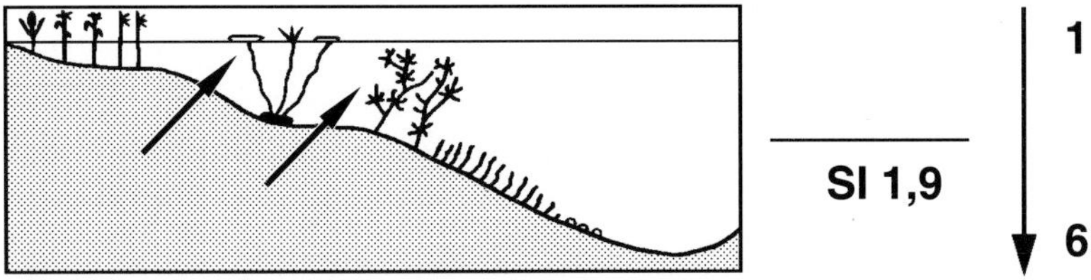

Diese Art fällt durch den hochrückigen, seitlich stark zusammengedrückten Körper auf. Eine kurze Rückenflosse und eine lange Afterflosse dienen als Erkennungsmerkmal. Der Rücken ist bleigrau bis schwärzlich gefärbt. Brachsen leben gesellig in wärmeren Seen und in den Unterläufen der Flüsse (Brachsenregion). Mittels ihres rüsselartig vorstülpbaren Mauls durchstöbern sie den Schlammgrund nach Würmern, Schnecken, Muscheln und Kleinkrebsen. Während der Laichzeit im Mai/Juni kann man bei den Männchen häufig einen Laichausschlag beobachten, der sich durch gelbe Dornen im Kopfbereich bemerkbar macht. Die Laichabgabe erfolgt oft nachts an Wasserpflanzen oder Stengeln.

Karpfen - Cyprinus carpio

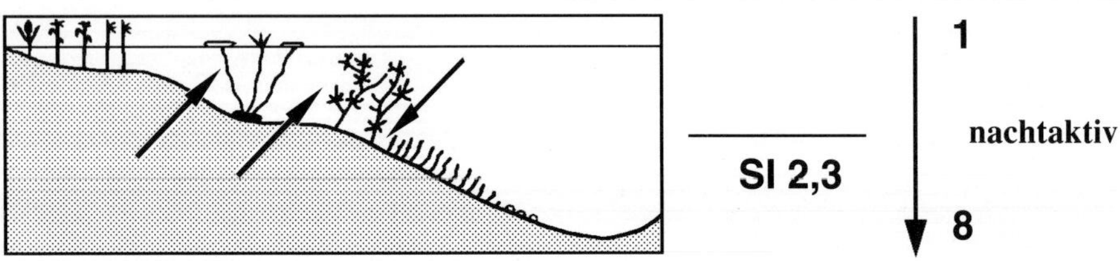

Während der langgestreckte Körper der ursprünglichen Wildform des Karpfens vollständig beschuppt und seitlich leicht zusammengedrückt ist, erscheinen die Zuchtformen des Karpfens hochrückig und gedrungen. Die Beschuppung ist oft reduziert oder sogar fehlend. Man spricht dann von Schuppen-, Zeilen-, Spiegel- oder Lederkarpfen. Die Heimat der Karpfen ist das warmgemäßigte Asien. Als Zuchtfisch ist er in Europa verbreitet; stellenweise lebt er verwildert. Typische Gewässer sind warme, nährstoffreiche und pflanzenreiche Seen und Teiche oder langsam fließende Gewässer.

Brachsen, Brassen, Blei Abramis brama

Karpfen Cyprinus carpio

WEIßFISCHE - CYPRINIDAE

Schleie - Tinca tinca

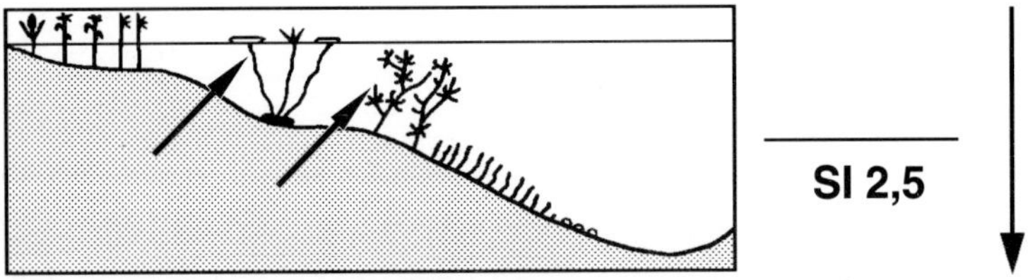

Kleine Schuppen und ein gold- bis messingfarbener Schimmer geben der Schleie das unverwechselbare Aussehen. Häufig kann man die Tiere bei ihrer Nahrungssuche beobachten: Mit ihren zwei Barteln durchwühlen sie den Schlammgrund nach kleinen Bodentieren und Pflanzenteilen. Unter Wasser deuten sich derartige Freßplätze bereits durch eine starke Trübung an. Bevorzugt werden pflanzenreiche stehende und langsam fließende Gewässer der Brachsenregion.

Schleie Tinca tinca ➡

WEIẞFISCHE - CYPRINIDAE

Döbel - Leuciscus cephalus

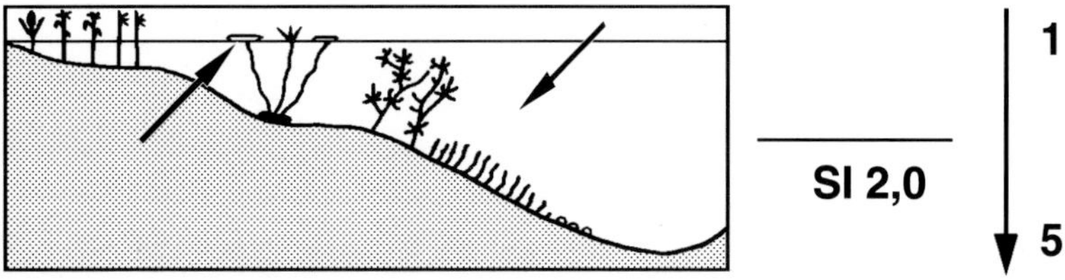

Der langgestreckte, walzenförmige Körper und der breite große Kopf sind Anpassungsmerkmale an Fließgewässer. Auffallend ist die netzartige Zeichnung, die durch die großen dunkelumrandeten, silbrigen Schuppen hervorgerufen wird. Jungtiere schwimmen schwarmweise in Oberflächennähe und ernähren sich von Kleinkrebsen. Ältere Döbel entwickeln sich nach und nach zu Räubern von Fischen, Amphibien und Krebsen. Bevorzugt kommen die Döbel in Fließgewässern der unteren Forellenregion, in der Äschen- und Barbenregion vor, seltener auch in Seen.

Graskarpfen - Ctenopharyngodon idella

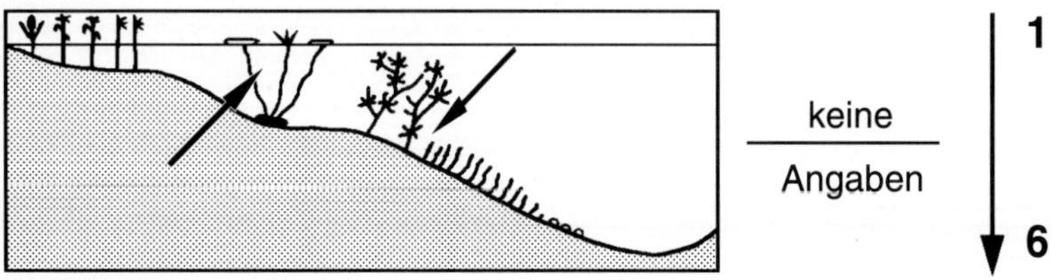

Ursprünglich in den Flüssen Chinas lebender, bis zu 1 m großer Schwarmfisch. Graskarpfen wurden nach Mitteleuropa eingeführt um unerwünschte Wasserpflanzenbestände zu beseitigen. Rasenmähern vergleichbar, weiden die Fische wertvolle Unterwasserpflanzen samt Wurzelwerk ab und vernichten somit wahllos wertvollen Lebensraum und Laichplatz vieler Fischarten. Faunenfälschung und mangelnde Fähigkeit sich bei den gegebenen klimatischen Bedingungen fortzupflanzen sind weitere Gründe für ein Verbot von Besatzmaßnahmen in heimische Gewässer.

Döbel   Leuciscus cephalus

Graskarpfen   Ctenopharyngodon idella

WEIßFISCHE - CYPRINIDAE

Elritze - Phoxinus phoxinus

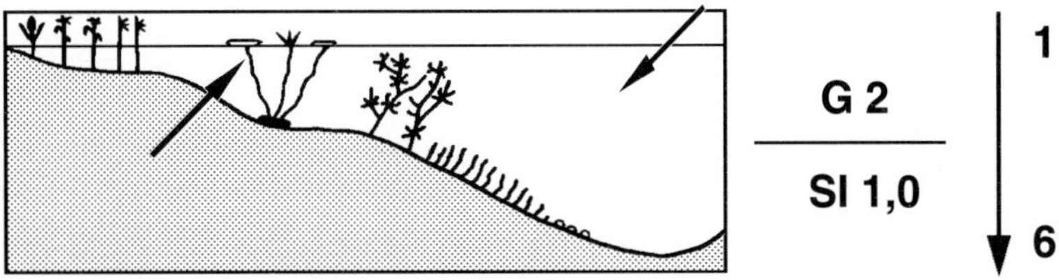

Die Elritze ist ein kleiner, nahezu spindelförmiger Schwarmfisch nahe der Gewässeroberfläche. Sie besitzt kleine Schuppen, eine lediglich bis zur Körpermitte ausgebildete Seitenlinie und silbrig bis goldglänzende Flanken. Das Männchen trägt zur Laichzeit (April - Juni) eine rot gefärbte Unterseite. Elritzen bevorzugen sauerstoffreiche, klare Bäche und Seen der Forellenregion. Die Nahrung besteht aus Insektenlarven und Kleinkrebsen.

Gründling - Gobio gobio

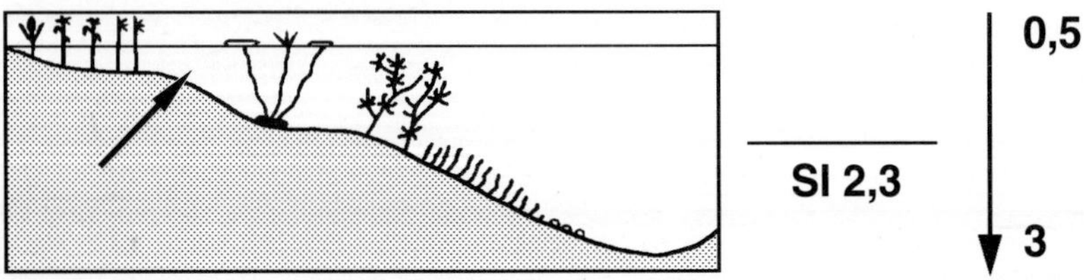

Der Name deutet bereits auf die Lebensweise des kleinen, häufig gesellig lebenden Grundfisches hin. Ständig auf der Suche durchstöbert er mit Hilfe zweier Bartfäden den Gewässergrund nach wirbellosen Bodentieren. Die Art ist erkennbar an den großen Schuppen und an den dunklen Flecken auf Rücken und Flanken. Die Heimat der Gründlinge sind Bäche, Flüsse und Seen mit sandig-kiesigem Grund.

Elritze Phoxinus phoxinus

Gründling Gobio gobio

WEIßFISCHE - CYPRINIDAE

Karausche - Carassius carassius

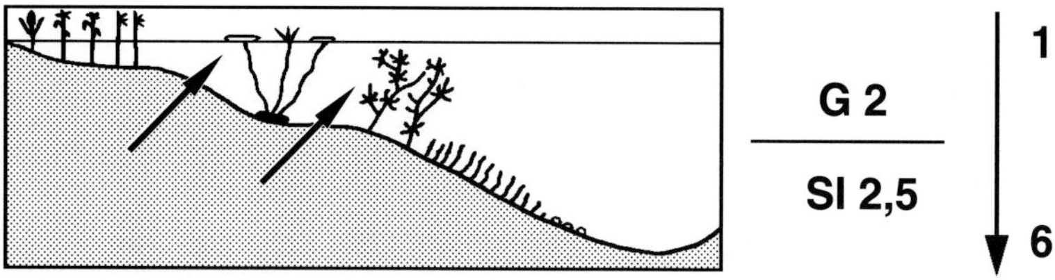

Die Karausche besitzt eine lange nach außen gewölbte Rückenflosse, eine wenig eingebuchtete Schwanzflosse und im Gegensatz zum Giebel, bei Jungtieren einen dunklen Fleck auf dem Schwanzstiel. Gelbbraune, goldene und grünliche Farbvarianten herrschen vor. Die Art zählt sicherlich zu den widerstandsfähigsten Fischen, die selbst Sauerstoffarmut und Austrocknung übersteht. Karauschen halten sich vor allem in pflanzenreichen, schlammgründigen stehenden und langsam fließenden Gewässern, wie Tümpel, Teiche und Gräben auf.

Giebel - Carassius auratus gibelio

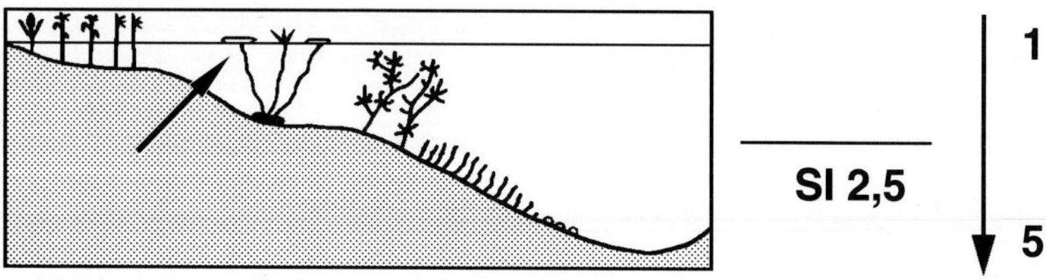

Der Giebel unterscheidet sich von der ähnlichen Karausche hauptsächlich durch das Fehlen des dunklen Flecks an der Schwanzwurzel und durch den Besitz deutlich größerer Schuppen. Dieser Fisch neigt sehr stark zu Farbänderungen: Normalerweise ist er grau oder bronze gefärbt, kann aber bei Wegfall der dunklen Pigmente auch gold- oder silberfarben sein. Es verwundert deshalb nicht, daß der Giebel als Stammform der Goldfische angesehen wird. Giebel stellen sehr geringe Ansprüche an die Wasserqualität und überleben zeitweiligen Sauerstoffmangel.

Karausche Carassius carassius

Giebel Carassius auratus gibelio

WEIßFISCHE - CYPRINIDAE

Ukelei - Alburnus alburnus

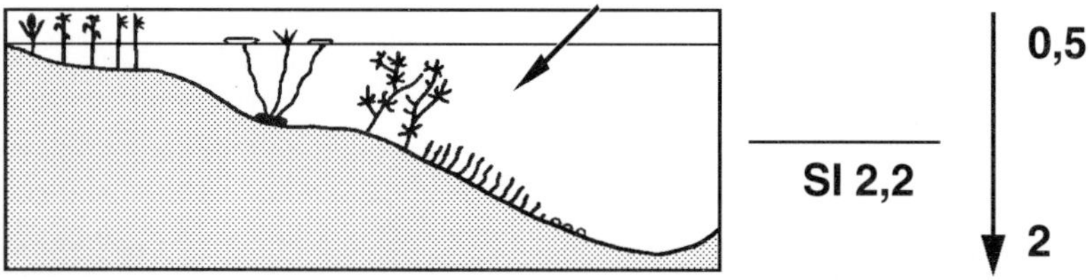

Typischer Schwarmfisch mit ähnlicher Lebensweise wie Moderlieschen. Als Bestimmungsmerkmal dient der scharfe und schuppenlose Bauchkiel zwischen Bauch- und Afterflosse und das oberständige Maul. Die Ukelei lebt in nahezu allen stehenden und langsam fließenden Gewässern und dringt stellenweise in Brackwasserbereiche vor. Die Art stellt eine wichtige Nahrungsdrundlage großer Räuber wie Hecht, Barsch und Zander dar.

BARSCHE - PERCIDAE

Flußbarsch - Perca fluviatilis

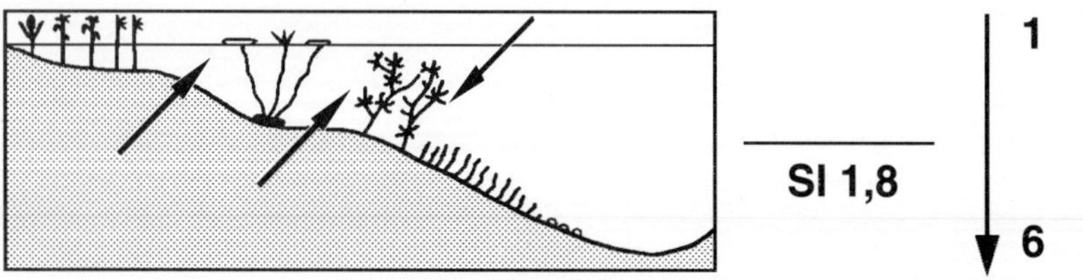

Häufiger Raubfisch in stehenden und langsam fließenden Gewässern, mit auffälliger Querbänderung, die der Tarnung im Schilf oder zwischen Pflanzen dient. Die vordere Rückenflosse besteht aus 13 - 17 Stachelstrahlen und einem dunklen Fleck am Hinterrand. Die After- und Bauchflossen sind rötlich gefärbt. Flußbarsche bilden Jadgtrupps; ältere leben oft als Einzelgänger, die anderen Fischen nachstellen. Fortpflanzung und Laichabgabe finden im Frühjahr von März bis April statt. Der Laich wird in gallertigen Bändern an Pflanzen, Ästen und Steinen abgelegt.

Ukelei Alburnus alburnus

Flußbarsch Perca fluviatilis

BARSCHE - PERCIDAE

Zander - Stizostedion lucioperca

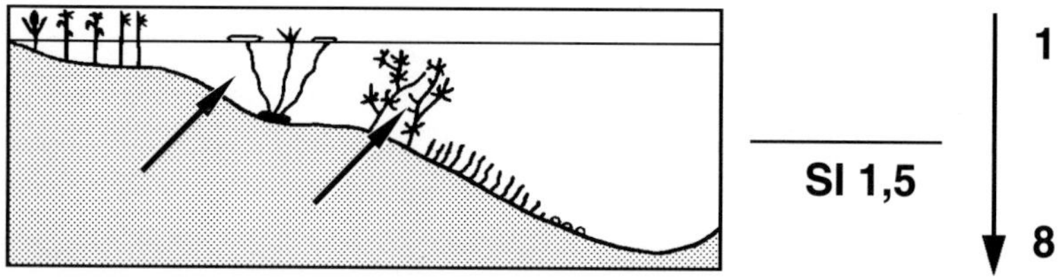

Die Gestalt dieses stationären Raubfischs erinnert an eine Kreuzung aus Flußbarsch (bezüglich der dunklen Querstreifung und der zweigeteilten Rückenflosse) und Hecht, für den ein spitzer Kopf charakteristisch ist. Der Zander jagd häufig während der Dämmerung im Freiwasser nach anderen Fischen. Tagsüber liegt er oft ruhend auf dem Gewässergrund oder versteckt im Pflanzendickicht. Er bevorzugt große Fließ- und Stillgewässer mit höherem Nährstoffgehalt. Ursprünglich war diese Art östlich der Elbe verbreitet, wurde dann aber wegen ihrer wirtschaftlichen Bedeutung in Mitteleuropa ausgesetzt.

Kaulbarsch - Gymnocephalus cernua

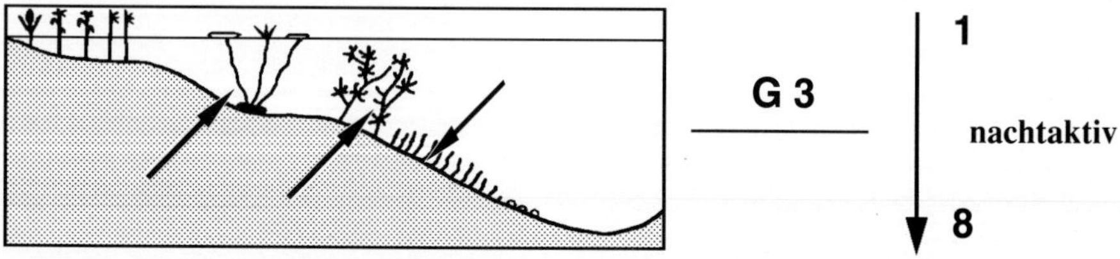

Die Hauptverbreitung des Kaulbarsches liegt im Mündungsbereich der großen Tieflandströme (Kaulbarschregion). Man findet diesen am Gewässergrund gesellig lebenden Fisch dennoch in vielen größeren Fließgewässern und Seen. Kennzeichen sind ein dicker, stumpfer Kopf, ein langer Dorn am Kiemendeckel und eine ungeteilte Rückenflosse. Die Nahrung besteht aus Wirbellosen, Plankton und Fischlaich.

Zander   Stizostedion lucioperca

Kaulbarsch   Gymnocephalus cernua

STICHLINGE - GASTEROSTEIDAE

Dreistachliger Stichling - Gasterosteus aculeatus

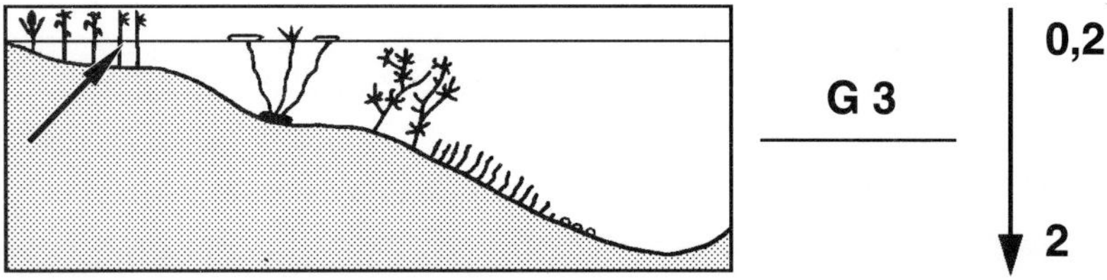

Dieser kleine langgestreckte Fisch verdankt seinen Namen den drei beweglichen Stacheln vor der weit nach hinten versetzten Rückenflosse. Der unbeschuppte Körper ist an den Flanken und am Schwanzstiel durch knöcherne Platten verstärkt. Stichlinge zeigen zur Laichzeit ein ausgeprägtes Brut- und Revierverhalten: Das Männchen, durch rotgefärbte Kehle erkenntlich, lockt das Weibchen zur Eiablage in ein Nest aus Pflanzenfasern. Das Gelege wird danach vom Männchen bewacht. Stichlinge leben räuberisch von Kleinkrebsen, Würmern, Insekten und Fischbrut. Sie besiedeln neben Meer- und Brackwasserbereiche, vor allem pflanzenreiche Flachwasserzonen in stehenden und langsam fließenden Gewässern.

HECHTE - ESOCIDAE

Hecht - Esox lucius

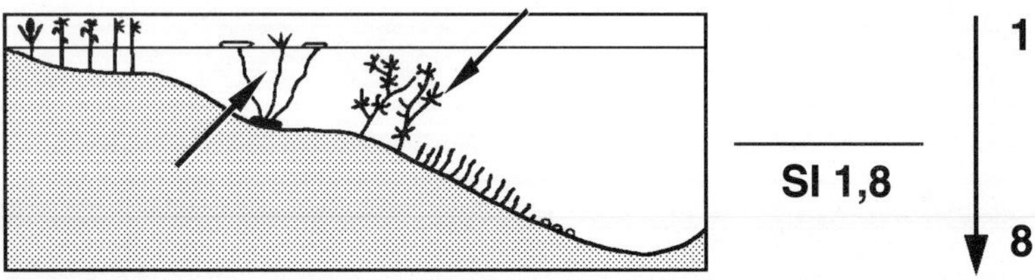

Der wichtigste Räuber in stehenden und langsam fließenden Gewässern ist ein sogenannter stationärer Uferfisch und Kurzstreckenjäger, der seine Beute aus der Tarnung von Wasserpflanzen oder untergetauchtem Astwerk überrumpelt und unzerkaut verschlingt. Die Weibchen legen den Laich von Februar bis Mai in flache und pflanzenreiche Uferregionen ab. Die Junghechte sind bereits Einzelgänger und gefräßige Räuber, die auch vor Kannibalismus nicht zurückschrecken. Sie wachsen im ersten Jahr bis zu 30 cm und werden mit 2 - 3 Jahren geschlechtsreif.

Dreistachliger Stichling *Gasterosteus aculeatus*

Hecht *Esox lucius*

SONNENBARSCHE - CENTRARCHIDAE

Sonnenbarsch - Lepomis gibbosus

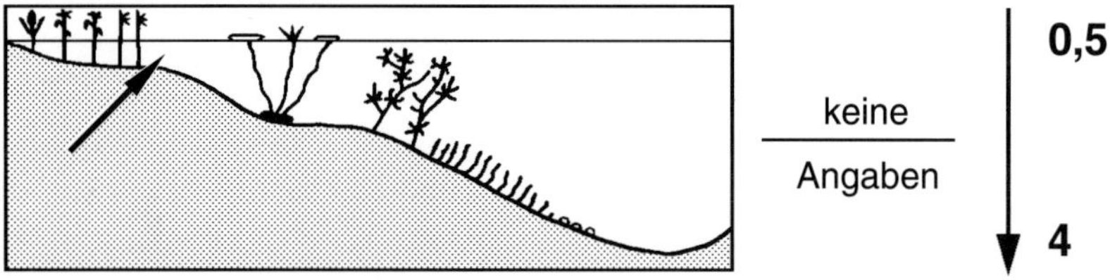

Durch seine bunte Färbung hebt sich dieser kleine, 10 - 15 cm lange Barsch deutlich von anderen Fischen ab. Kennzeichen sind die kleinen, gelb bis orangen Flecken auf den Flanken und ein schwarzer, teilweise rot gerandeter Augenfleck auf jedem Kiemendeckel. Zur Laichzeit (Mai/Juni) kann man Paare bei ihrem Revierverhalten und der Brutpflege beobachten. Im Kies ausgehobene Laichgruben werden ständig bewacht und gegen Artgenossen und andere Fischen heftig verteidigt. Der Sonnenbarsch wurde 1887 aus Nordamerika nach Europa eingeführt. Heute ist er in vielen pflanzenreichen stehenden und langsam fließenden Gewässern häufig anzutreffen.

FLUßAALE - ANGUILLIDAE

Aal - Anguilla anguilla

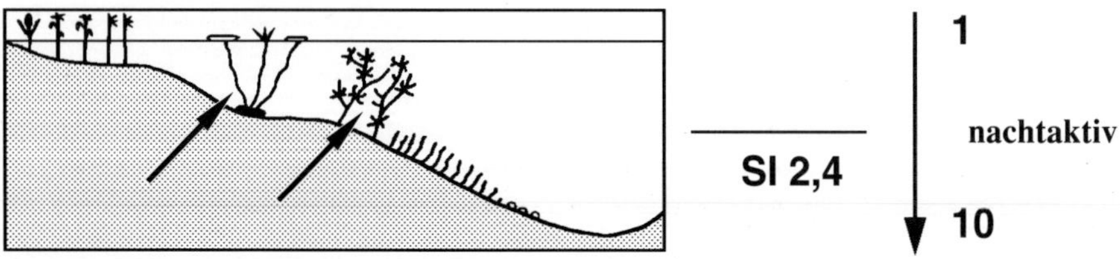

Der Körper ist schlangenförmig und von einem durchgehenden Flossensaum umgeben. Die Tiere sind tagsüber in Löchern am Grund versteckt und gehen nachts auf Nahrungssuche. Nach der Kopfform kann man zwei Ernährungstypen unterscheiden: Breitkopfaale, die sich von Fischen und Amphibien ernähren und Spitzkopfaale, die von Wirbellosen leben. Zur Fortpflanzung wandern die geschlechtsreifen Aale ins Sargasso-Meer (Westatlantik). Die Larven (Glasaale) driften mit dem Golfstrom zurück und wandern als Steigaale die großen Flüsse stromaufwärts, bis sie ein geeignetes Gewässer gefunden haben.

Sonnenbarsch Lepomis gibbosus

Aal Anguilla anguilla

DORSCHE - GADIDAE

Quappe, Rutte - Lota lota

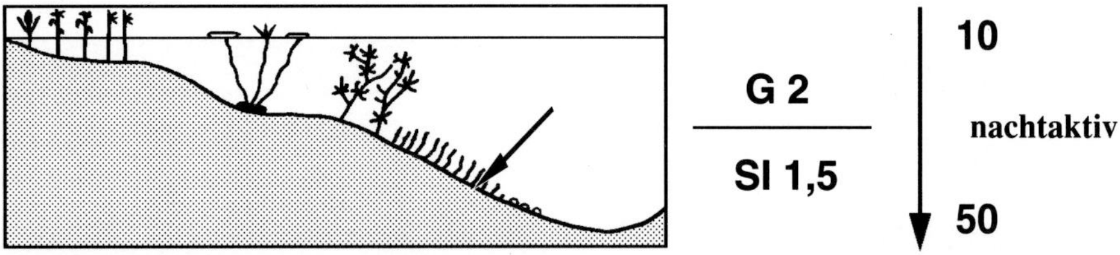

Gefräßiger Räuber, der als ausgesprochener Bodenfisch vor allem nachts auf Jagd geht. Die Quappe besitzt einen walzenförmigen, hinten seitlich zusammengedrückten Körper, der oberseits auffällig dunkelbraun marmoriert ist. Kennzeichen sind ein einzelner Bartfaden am Kinn und kleine bartelähnliche Anhänge an den Nasenöffnungen. Häufig in den Tiefenregionen kühler, klarer Seen und und in Fließgewässern. Die Nahrung besteht bei Jungtieren aus Wirbellosen, während ausgewachsene Quappen Fische und deren Laich bevorzugen.

GROPPEN - COTTIDAE

Groppe - Cottus gobio

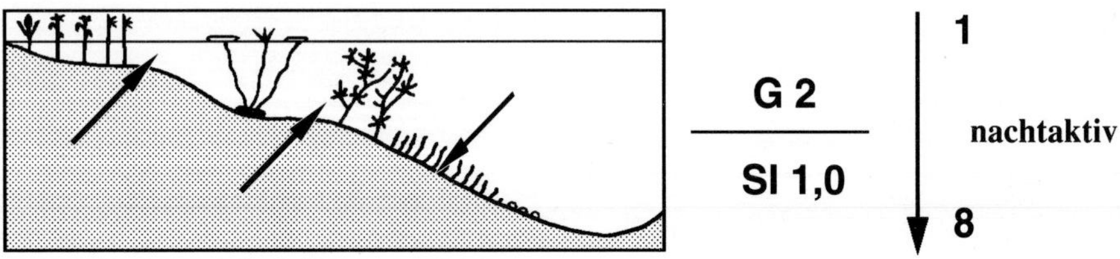

Ein dicker Kopf und ein breites Maul machen die Groppe zu einem unverwechselbaren Grundfisch. Die Groppe bevorzugt klare Bäche und Seen mit steinigem Untergrund. Tagsüber liegt sie versteckt unter Steinen und ist durch ihre Schutzfärbung kaum erkennbar. Beutefang (Kleintiere, Jungfische und Fischlaich) findet hauptsächlich nachts statt. Die Männchen bewachen das Eigelege, wobei selbst größere Feinde mit aller Hartnäckigkeit und Drohgebärden, wie Abspreizen der Brustflossen und Aufrichten der zwei Rückenflossen, verscheucht werden.

Quappe, Rutte   Lota lota

Groppe   Cottus gobio

SCHMERLEN - COBITIDAE

Bachschmerle - Noemacheilus barbatulus

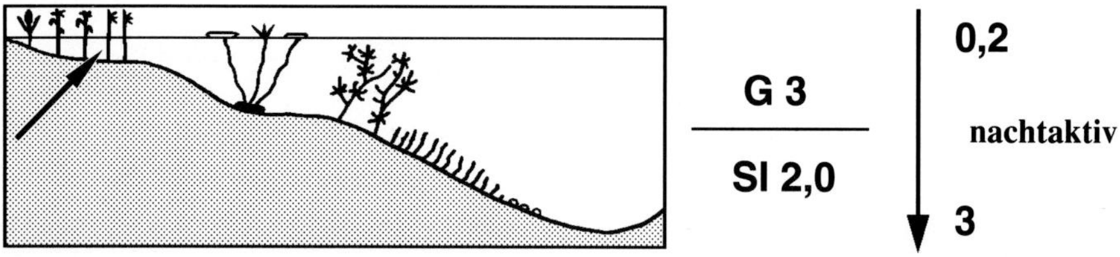

Tagsüber versteckt lebender Grundfisch in flachen Uferregionen von Seen, Bächen und Gräben. Durchsucht mit sechs langen Barteln vorwiegend nachts den Grund nach Kleintieren und Fischlaich. Die Bachschmerle besitzt eine auffällig helle Seitenlinie.

Steinbeißer - Cobitis taenia

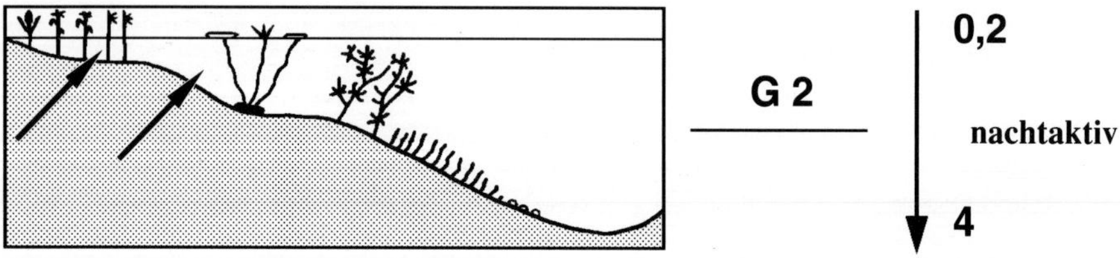

Kleiner (bis zu 12 cm) nachtaktiver, auf Sand und Kiesufer lebender Bodenwühler klarer Seen und Fließgewässer. Mit seinen sechs kurzen Barteln durchstöbert er den Gewässergrund nach Kleinlebewesen und organischen Resten. Weitere Merkmale sind ein sandfarbenes Schutzkleid und ein unter jedem Auge sich befindlicher aufrichtbarer Dorn, der zur Abwehr von Feinden dient.

Bachschmerle Noemacheilus barbatulus

Steinbeißer Cobitis taenia

WELSE - SILURIDAE

Wels, Waller - Siluris glanis

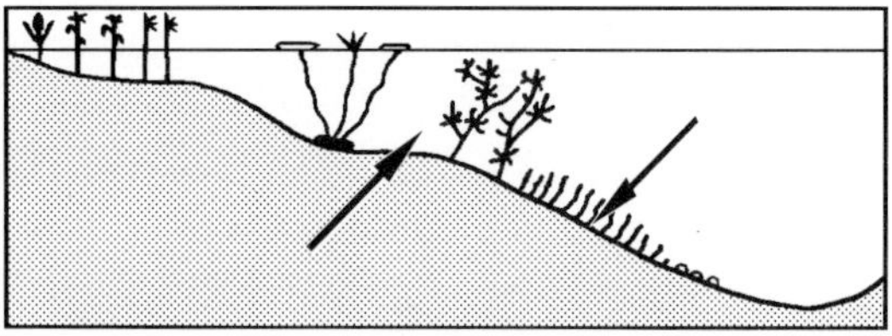

G 3 / Sl 2,2

1 — nachtaktiv — 12

Der Wels ist durch seine Form und Größe der aufälligste einheimische Bodenfisch. Kennzeichen sind der bauchseits abgeplattete, schuppenlose Körper, das breite Maul mit zwei Barteln auf der Oberlippe und zwei kurzen Barteln an der Unterlippe. Welse leben in schlammgründigen Seen (auch Baggerseen) oder in tiefen, langsam fließenden Gewässern. Je nach Alter besteht das Beutespektrum dieser Räuber aus Wirbellosen, Fischen, Vögeln und Kleinsäugern.

ZWERGWELSE - ICTALURIDAE

Zwergwels - Ictalurus sp.

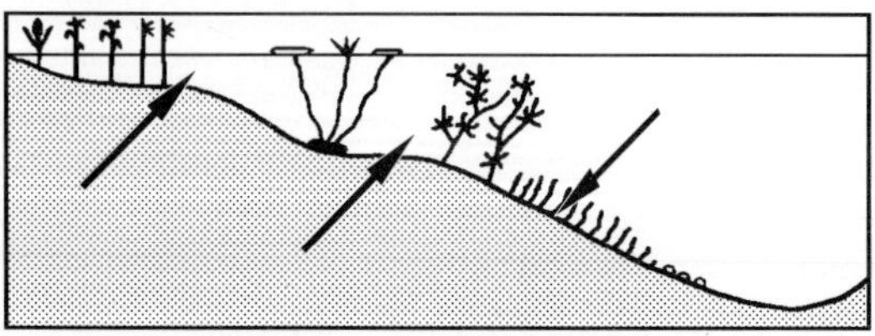

keine / Angaben

0,5 — nachtaktiv — 8

Zwergwelse sind ursprünglich in Nord- und Mittelamerika beheimatet und seit 1885 in Europa eingeführt. Da sie keine hohen Ansprüche an den Sauerstoffgehalt der Gewässer stellen, konnten sie sich in nahezu allen Gewässertypen ausbreiten. Im Unterschied zum heimischen Wels, besitzen die Zwergwelse eine Fettflosse und stachelähnliche erste Strahlen an Rücken- und Brustflossen. Die Laichablage erfolgt in Mulden aus organischem Material. Das männliche Elterntier bewacht das Gelege und die Brut.

Wels, Waller   Siluris glanis

Zwergwels   Ictalurus sp.

LURCHE, KRIECHTIERE - AMPHIBIA, REPTILIA

Die Klasse der Kriechtiere (Reptilia) umfaßt typische Landbewohner, die nur vereinzelt zum Wasserleben zurückgekehrt sind. An unseren Gewässern sind sie lediglich mit drei Arten vertreten: Sumpfschildkröte, Ringelnatter und Würfelnatter. Obwohl sie gute Schwimmer und Taucher sind, müssen alle drei zur Atmung wieder an die Luft kommen. Vermehrung, Eiablage und Entwicklung finden an Land statt. Anders verhalten sich die Amphibien, deren Jugendstadien alle Merkmale typischer Wasserbewohner aufweisen: Aus den im Wasser abgelegten Eiern schlüpfen Larven mit äußeren Kiemen und einem Ruderschwanz mit Flossensaum. Erst im Verlauf der Entwicklung werden diese Organe teilweise rückgebildet und durch Beine und Lungen ersetzt. Das erwachsene Tier besitzt eine drüsenreiche Haut, die zur Hautatmung befähigt ist und ständig feucht gehalten werden muß. Die Fortpflanzung findet meistens im Wasser statt. Amphibien und Reptilien sind wechselwarme Tiere, deren Körpertemperatur von der Umgebungstemperatur abhängig ist.

Wasserfrosch - Rana esculenta

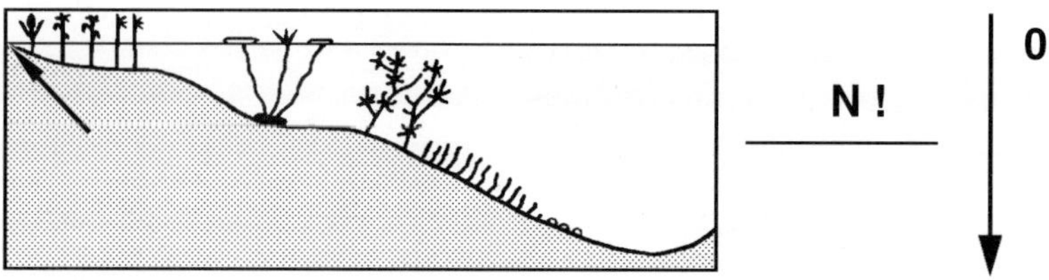

Der Wasserfrosch ist vermutlich ein Kreuzungsprodukt der beiden ähnlichen Arten Teichfrosch (*Rana lessonae*) und Seefrosch (*Rana ridibunda*). Die Färbung ist bei allen Arten sehr unterschiedlich und reicht von gelbgrün bis olivbraun, teilweise mit dunkelbrauner Marmorierung und hellen Streifen. Die Paarung findet im April/Mai statt. Der Laich wird in gallertigen Klumpen ins Wasser gegeben und sinkt zu Boden. Aus den Eiern schlüpfen die Kaulquappen, die zunächst von der Gallerte leben, sich dann mittels eines Saugnapfes an Wasserpflanzen festhalten und mit einem hornigen Kiefer Pflanzenmaterial abnagen. Später verschwindet das Saugorgan, die Kaulquappen können frei umherschwimmen und tierische Nahrung aufnehmen und verdauen. Die äußeren Kiemen werden durch innere ersetzt, später entsteht im Inneren die Lunge. Hinter- und Vorderbeine werden gebildet und der Schwanz schrumpft. Nach ca. vier Monaten ist die Umwandlung zum Wasserfrosch abgeschlossen.

Wasserfrosch Rana esculenta

Kaulquappe

LURCHE, KRIECHTIERE - AMPHIBIA, REPTILIA

Erdkröte - Bufo bufo

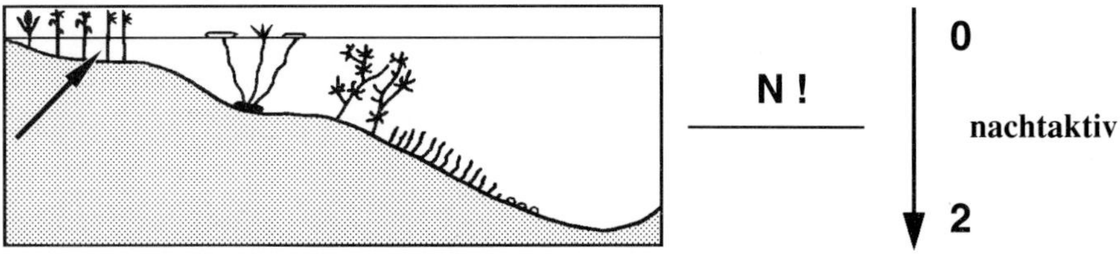

Die Erdkröte ist die häufigste und weitverbreiteste Lurche Mitteleuropas, die in jedem Frühjahr Massenwanderungen zu ihren angestammten Laichplätzen (Tümpel, Teiche, Weiher und Seen) durchführt. Dabei trägt oftmals das Weibchen das kleinere Männchen Huckepack zum Gewässer, in dem die Eiablage in Form meterlanger, gallertartiger Laichschnüre erfolgt. Außerhalb der Laichzeit leben Erdkröten tagsüber zurückgezogen in feuchten Verstecken und begeben sich nachts auf Nahrungssuche.

Bergmolch - Triturus alpestris

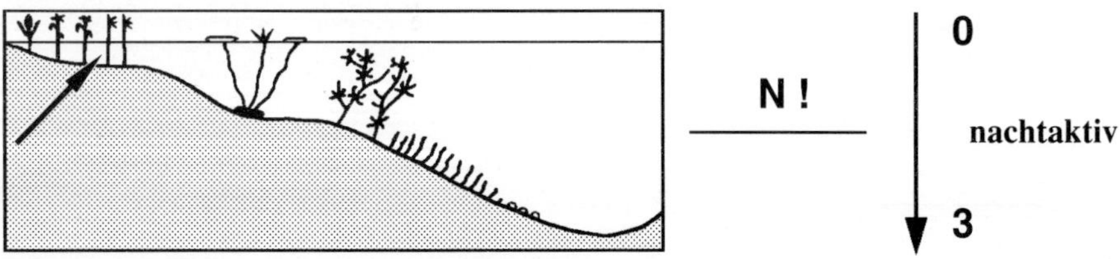

Zur Paarungszeit im Frühjahr auffällig bunt gefärbte Molchart: Die Männchen besitzen einen glatten, gelb-schwarz gebänderten Rückenkamm. Die Körperoberseite ist bläulich, während die Bauchseite orange gefärbt ist. Flanken und Hals sind schwarz gefleckt. Unterhalb dieser Fleckenreihe besitzen die Männchen im Unterschied zu den Weibchen, ein hellblaues Längsband. Zur Laichzeit suchen Bergmolche alle erdenklichen stehenden Gewässer wie Regenpfützen, Tümpel, Teiche und Seen auf. Die Eier werden einzeln an Blättern von Wasserpflanzen abgelegt. Gewöhnlich verbleiben die Elterntiere bis zum Sommer in den Gewässern.

Erdkröte *Bufo bufo*

187

Bergmolch *Triturus alpestris*

LURCHE, KRIECHTIERE - AMPHIBIA, REPTILIA

Teichmolch - Triturus vulgaris

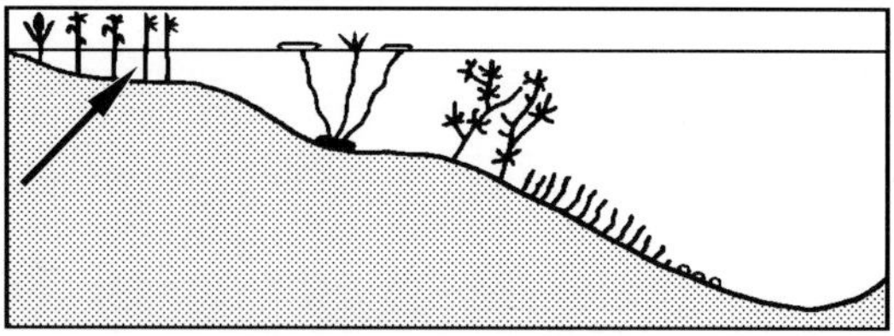

N !

0

nachtaktiv

1

Diese recht häufige Art wird dank ihrer Anpassungsfähigkeit in einer Vielzahl von Gewässertypen angetroffen. Zur Paarungszeit tragen die Männchen einen gewellten Rückenkamm. Die Körperoberseite ist bräunlich gefärbt und von vielen dunklen Tupfen überzogen. Der Bauch ist orange bis gelblich gefärbt und ebenfalls dunkel gefleckt. Die Weibchen sind eher unaufällig braun bis gelb, unterseits orange gefärbt. Teichmolche suchen oftmals im Februar die Laichgewässer auf. Die Paarung erfolgt von April bis Mai, danach kehren die Tiere zum Landleben zurück.

Kamm-Molch - Triturus cristatus*
Fadenmolch - Triturus helveticus

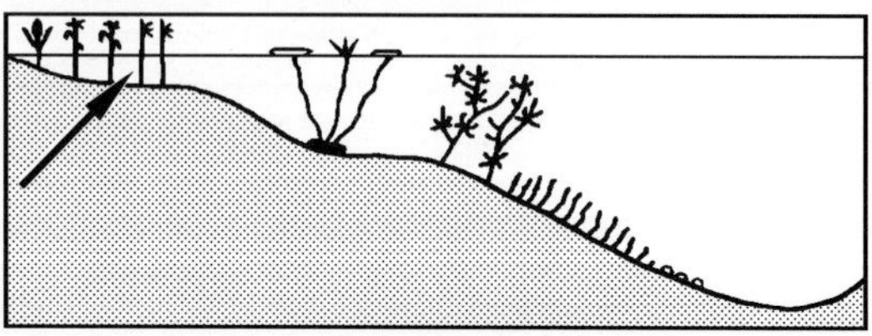

N ! G 3*

0

nachtaktiv

2

Der Name Kamm-Molch bezieht sich auf das Hochzeitskleid der Männchen, die einen gezackten Hautkamm an Kopf und Rücken tragen. Der Körper wird bis zu 18 cm lang, ist seitlich stark zusammengedrückt, oberseits olivbraun bis schwarzbraun gefärbt, unterseits gelblich bis orangefarben, teilweise schwarz gefleckt. Die Flanken tragen viele weiße Punkte. Der Kamm-Molche und Fadenmolche bevorzugen pflanzenreiche Teiche, Gräben und Überschwemmungsgewässer, in denen die Eier einzeln in gefaltete Wasserpflanzenblätter abgelegt werden. Die Nahrung besteht aus Insektenlarven, Würmern, Schnecken, Kleinkrebsen und Kaulquappen. Die Fadenmolch-Männchen besitzen während der Laichzeit einen 5 - 10 mm langen Faden am Schwanzende.

Teichmolch Triturus vulgaris

Fadenmolch Triturus helveticus Insert: junger Kamm-Molch

Schmuckschildkröte - Pseudemys sp.

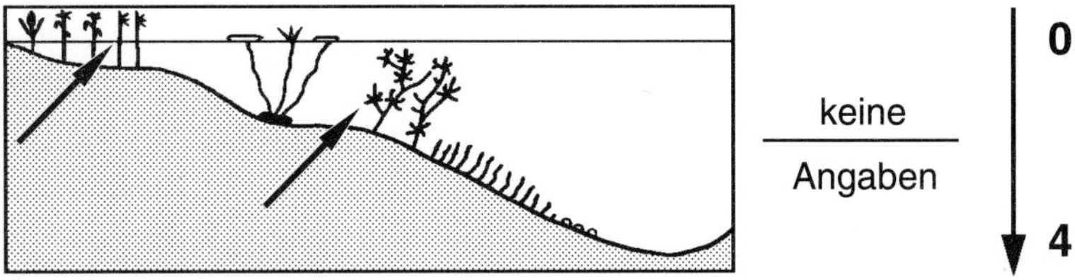

Die Arten dieser nordamerikanischen Wasserschildkrötengattung werden häufig im Tierhandel zum Kauf angeboten. Leider überleben nur die wenigsten das erste Jahr der Gefangenschaft in Aquarien oder Gartenteichen. Viele Tiere werden in natürliche Gewässer ausgesetzt, in denen sie selten den ersten Winter überstehen können. Außerdem können derartige "Faunenfälschungen" negative Einflüsse auf das natürliche Gleichgewicht eines Gewässers haben. Häufig findet man die Rotwangen-Schmuckschildkröte (*Pseudemys scripta elegans*), die durch zwei leuchtend rote Flecke am Kopf erkennbar ist.

Rotwangen-Schmuckschildkröte Pseudemys scripta elegans

Schmuckschildkröte Pseudemys sp.

ARTENREGISTER DEUTSCH

ARTENREGISTER LATEIN

SACHREGISTER

LITERATURVERZEICHNIS

Bellmann, H.: Leben in Bach und Teich. Mosaik Verlag GmbH, München 1988. **Blab, J. und Nowak, E.** (Hrsg.): Rote Liste der gefährdeten Tiere und Pflanzen in der Bundesrepublik Deutschland. 4.Auflage, Kilda-Verlag, Greven 1984. **Brohmer, P.:** Fauna von Deutschland. 16.Auflage. Quelle & Meyer Verlag, Heidelberg 1984. **Casper, S.J. und Krausch, H.-D.:** Pteridophyta und Anthophyta 1. In: Süßwasserflora von Mitteleuropa. Hrsg. v. Ettl, H., Gerloff, J., Heyming, H., 23, VEB Gustav Fischer Verlag, Jena 1980. **Casper, S.J. und Krausch, H.-D.:** Pteridophyta und Anthophyta 2. In: Süßwasserflora von Mitteleuropa. Hrsg. v. Ettl, H., Gerloff, J., Heyming, H., 23, VEB Gustav Fischer Verlag, Jena 1981. **Engelhardt, W.:** Was lebt in Tümpel, Bach und Weiher. 12.Auflage. Frankh'sche Verlagshandlung, Stuttgart 1986. **Glöer, P., Meier-Brook, C. und Ostermann, O.:** Süßwassermollusken. 6.Auflage. Deutscher Jugendbund für Naturbeobachtung, Hamburg 1987. **Graf, J.:** Wanderer durch die Binnengewässer. 2.Auflage. J.F. Lehmanns Verlag, München 1967. **Ludwig, H.W.:** Tiere unserer Gewässer. Merkmale, Biologie, Lebensraum, Gefährdung. BLV Verlagsgesellschaft, München 1989. **Klee, O.:** Angewandte Hydrobiologie. Trinkwasser - Abwasser - Gewässerschutz. Georg Thieme Verlag, Stuttgart, New York 1985. **Kolkwitz, R. und Marsson, M.:** Grundsätze für die biologische Beurteilung des Wassers nach seiner Fauna und Flora. Mitteil. a.d.Kgl. Prüfungsanstalt f. Wasserversorgung u. Abwasserbeseitigung, H. 1, 1902. **Krause, W.:** Characeen aus Bayern. Teil 1. Bestimmungsschlüssel und Abbildungen. Ber. Bayer. Bot. Ges. 229-257. 1976. **Melzer, A., Harlacher, R., Held, K. und Vogt, E.:** Die Makrophyten-vegetation des Ammer-, Wörth- und Pilsensees sowie des Wesslinger Sees. Informationsberichte Bayer. Landesamt für Wasserwirtschaft. 1/88, München 1988. **Müller, H.:** Fische Europas. 2.Auflage. Neumann Verlag, Leipzig, Radebeul 1987. **Müller, K.W. , Harlacher, R. und Melzer, A.:** Gewässerqualität bestimmen - Eine Anleitung zur Bestimmung des Belastungszustandes mit Hilfe von häufig vertretenen Wasserpflanzen in stehenden Gewässern. Verlag Stephanie Naglschmid, Stuttgart 1987. **Rothmaler, W.** (Hrsg.): Exkursionsflora. 7.Auflage. Volk und Wissen Volkseigener Verlag Berlin 1988. **Muus, B.J. und Dahlström, P.:** Süßwasserfische Europas. 5.Auflage. BLV Verlagsgesellschaft, München 1981. **Schmeil, O. und Fitschen, J.:** Flora von Deutschland und seinen angrenzenden Gebieten. 87.Auflage von W. Rauh und K. Senghas. Quelle & Meyer Verlag, Heidelberg 1982. **Schwoerbel, J.:** Einführung in die Limnologie. 5.Auflage. UTB, Gustav Fischer Verlag, Stuttgart 1986. **Streble, H. und Krauter, D.:** Das Leben im Wassertropfen. 7.Auflage. Frankh'sche Verlagshandlung, Stuttgart 1985. **Wassmann, R. und Xylander, W.:** Bestimmungsschlüssel für die häufigsten wirbellosen Tiere in Fließgewässern. Verlag Stephanie Naglschmid, Stuttgart. **Xylander, W. und Naglschmid, F.:** Gewässerbeobachtung - Gewässerschutz. Leitfaden zur erfolgreichen Umweltarbeit. Verlag Stephanie Naglschmid, Stuttgart 1985.

ABBILDUNGSNACHWEIS
(o = oben, u = unten, i = insert, li = links, re = rechts)

Herbert Frei: 135 u, 159 u, 161, 165 o, 165 u, 167 o, 169 0, 171 o, 175 o, 177 u, 179 o, 183 o, 187 o, 189 o, 191 u. **Bernd Humberg:** 23, 25 o, 25 u, 27 o, 27 u, 29 o 29 u, 31 u, 33 o, 33 u, 35 o, 35 u, 37 u, 39 o, 39 u, 43 o, 43 u, 45 o, 45 u, 47 o, 47 u, 49 o, 49 u-li, 49 u-re, 53 o, 53 u, 55 o, 55 u, 57 o, 57 u, 59 o, 59 u, 61 o, 61 u, 63 o, 63 o-i, 63 u, 65 o, 65 o-i, 65 u, 67 o, 67 u, 69 o, 69 u, 69 u-i, 71, 71 i-o, 71 i-u, 73 o, 73 u, 75 o, 75 u, 75 u-i, 77 o, 77 u, 77 u-i, 79 o, 79 o-i, 79 u, 81 o, 81 o-i, 81 u, 83 o, 83 u, 83 u-i, 85 o, 85 u, 87 o, 87 u, 89 o, 89 u, 91 o, 91 u, 93 o, 93 o-i-li, 93 o-i-re, 93 u, 93 u-i, 95 o, 95 u, 97 o, 97 u, 99 o, 99 u, 101 o, 101 u, 103 u, 105 o, 107 o 107 u, 109 u, 111, 113 u, 115 o, 115 u, 117 o, 117 u, 119 o, 119 u, 121 o, 121 u, 123 u, 125 o, 125 o-i-o, 125 o-i-u, 125 u, 127 u, 129 o, 129 u, 131 o, 131 u, 133 o, 133 u, 135 o, 137 o, 137 u, 139 u, 141 o, 141 o-i, 141 u, 143 o, 145 o, 145 u, 145 u-i, 147 u, 149 o, 149 u, 151 o, 151 u, 153 u, 155 o, 155 u, 156, 163, 167 u, 169 u, 171 u, 173, 175 u, 177 o, 179 u, 181 o, 181 u, 183 u, 1875o, 185 u, 189 u-i. **Paul W. Munzinger:** 51. **Friedrich Naglschmid:** 187 u, 191 o. **Willi Xylander:** 187 u-i, 189 u.

UNTERWASSERFÜHRER

Unterwasserführer Rotes Meer: Fische/Underwater Guide Red Sea: Fish von Helmut Debelius, 168 S., 2. Aufl. 1990, ISBN 3-925342-18-4

Unterwasserführer Rotes Meer: Niedere Tiere/Underwater Guide Red Sea: Invertebrates von Peter Schmid und Dietmar Paschke, 168 S., 2. Aufl. 1990, ISBN 3-925342-10-9

Unterwasserführer Malediven: Fische/Underwater Guide Maldives: Fish von Peter Wirtz und Peter Nahke, 168 S., 2. Aufl. 1992, ISBN 3-925342-59-1

Unterwasserführer Karibik: Fische/Underwater Guide The Carribean: Fish von Peter Wirtz und Peter Nahke, 178 S., 1993, ISBN 3-927913-26-X

VERLAG STEPHANIE NAGLSCHMID Rotebühlstr. 87 A, D-70178 Stuttgart, Telefon 0711/626878, Fax 0711/612323